ISBN 978-3-662-22699-5   ISBN 978-3-662-24628-3 (eBook)
DOI 10.1007/978-3-662-24628-3

Zur Struktur der näheren Sonnenumgebung. Untersuchungen über Sterntrupps, Sternfamilien und Sternströme

Von

k. M. **Josef Hopmann**

(Mit 8 Abbildungen)

(Vorgelegt in der Sitzung vom 29. Jänner 1971)

Zusammenfassung

An Stelle einer — notwendig langen — Zusammenfassung werden nachstehend nur die einzelnen Kapitel der Arbeit aufgezählt. Es sei aber vor allem auf die Kapitel 1 und 10 hingewiesen.

		Seite
1.	Einleitung, frühere Arbeiten über Weite Paare, Mehrfachsterne, Sterntrupps und Sternströme	248
2.	Die zwei Sterntrupps bei 107 Aqa, die Schütte-Familie IV a 4 und das Kriterium von R. A. Fisher	252
3.	Der Bewegungshaufen in PsA, die Familie III i 3	258
4.	Übersicht über die Arbeiten von K. Schütte	265
5.	Die Realität der 74 Familien von Schütte	268
6.	Die Sonnenfamilie	276
7.	Extremfälle, acht Hyperbelbahnen relativ zur Galaxis	278
8.	Statistische Untersuchungen über die Gesamtheit aller Schütte-Sterne	282
9.	Die zwölf Sternströme	286
10.	Diskussion, das Bild der näheren Sonnenumgebung	293

Summary

For brevidity here are only given the titles of the 10 chapters of the work. For this aim and the results please read chapter 1 and 10.

	page
1. Introduction, earlier work on wide pairs, multiple stars, star-troops and star-streams	248
2. The two troops near 107 Aqa, the Schütte-family IV a 4, the R. A. Fisher-criterion	252
3. The mowing-cluster in PsA and the family III i 3	258
4. Revision of the work of K. Schütte	265
5. The reality of the 74 families of K. Schütte	268
6. The family of the Sun	276
7. Extrem Stars, eight hyperbolc orbits relativ to the Galaxy	278
8. Statistical studies on all Schütte-stars	282
9. The twelve Starstreams	286
10. Discussion, a model of the near surroundings of the Sun	293

1. Einleitung, frühere Arbeiten über Weite Paare, Mehrfachsterne, Sterntrupps und Sternströme

Bereits 1945 hatte ich ein, wie sich seitdem herausstellte, sehr brauchbares Verfahren entwickelt [1], bei langperiodischen Doppelsternen aus kurzen Bahnbögen provisorische Bahnelemente und vor allem dynamische (strahlungsenergetische) Parallaxen zu ermitteln, was dann in Verbindung mit den astrophysikalischen Beobachtungsdaten die weiteren Systemkonstanten, insbesondere die Massen, absoluten Helligkeiten, Lage im Farben-Helligkeitsdiagramm ergibt. Diese Parallaxen sind für $\pi < 0\rlap{.}''05$ individuell sicherer als die trigonometrischen und die älteren ähnlichen Ansätze (Russell und Moore, Jackson und Furner usw.), wie eine eingehende Kritik ergab [2].

In einer früheren statistischen Arbeit [3] wurde gezeigt, wie sehr einseitig das Bild von den visuellen Doppelsternen ist, das durch eine Diskussion der seinerzeit bekannten Bahnelemente entsteht, durch die jahrzehntelange Bevorzugung enger kurzperiodischer Paare und die Vernachlässigung der Weiten. Vor 50 Jahren gab es die Vermutung — auf Grund viel zu geringen Materials —, daß, je größer die Umlaufzeit eines Doppelsternes ist, um so größer auch die Bahnexzentrizität, und es wurden voreilig kosmogonische Überlegungen angeknüpft. Die Vermutung hat sich durch Vermehrung des Materials als falsch erwiesen. Ebenso gefährlich ist es aber, wenn auf Grund einer derart einseitigen Statistik Hypothesen zur Entstehung unseres Planetensystems vorgelegt wurden.

Erfreulicherweise hat sich seit 1945 das Bild etwas gewandelt. Nach der Beobachtungsseite hin sind die unter der Anregung von E. Hertzsprung entstandenen photographischen Messungen zahlreicher Weiter Paare an verschiedenen lang- und mittelbrennweitigen Refraktoren zu nennen.

In Zukunft werden die jahrzehntelangen Bemühungen Luytens [4] zum Auffinden starker Eigenbewegungen (EB) erst voll zum Tragen kommen. Stichprobenweise ergab sich aus seinem Katalog der Sterne mit EB über 0″,2 (1849 Objekte), daß 11% von ihnen Paare bis zu 100″ Distanz sind und 16 weit darüber. Hierzu gehören auch die Untersuchungen von Onegina [5] und Deutsch [6], die zeigten, daß die scheinbar hellsten Sterne oft sehr schwache entfernte Begleiter haben. Bei der Abfassung einer früheren Arbeit [7] ist mir leider ein kurzer Aufsatz von J. Haas entgangen [8], der schon 1945 auf sechs derartige helle Objekte zum Teil in engster Nachbarschaft der Sonne hingewiesen hatte. In einem Brief vom Januar 1962 an mich zählt er noch weitere 13 Objekte auf und schreibt dazu:

„Daß bei so weiten Paaren jede merkliche Relativ-Geschwindigkeit schon hyperbolisch, nämlich größer als

$$K \sqrt{\frac{\text{doppelte Gesamtmasse}}{\text{Distanz}}}$$

ausfallen würde, besagt nichts gegen die Zusammengehörigkeit der Komponenten solcher vielleicht in Auflösung begriffener Systeme. Zwischen den engsten Doppelsternen und diesen weiten Paaren gibt es so viele Zwischenstufen als Übergang, daß sich eine Grenze nicht ziehen ließe".

„Die weiten Paare bieten ein besonderes Interesse, weil sie hinüberleiten zu jenen zwei- oder mehrgliedrigen Familien mit inneren Abständen von 1 parsec und mehr, welche sich in unserer Nachbarschaft durch die nahezu identische Geschwindigkeit ihrer Mitglieder bemerkbar machen. Fast ein Drittel der Sterne innerhalb 15 parsec gehört solchen Geschwindigkeitsfamilien an, wie eine neuerliche Untersuchung gezeigt hat".

In vielen derartigen Fällen handelt es sich um Mehrfachsysteme, d. h. einem relativ engen Hauptpaar mit einem oder mehreren entfernten

Begleitern. So umkreisen sich zwar die zwei Paare, aus denen ζ Cnc besteht, in etwa 300 Jahren, es handelt sich um einen festen Komplex. Fraglich ist es aber, ob Proxima Centauri ständig mit dem Paar α Cen verbunden bleibt. Leider ist anscheinend die Radialgeschwindigkeit (RG) der Proxima nicht bekannt. Nach Haas ist der tangentiale Abstand Prox/α = 10300 AE. Nimmt man für die Gesamtmasse der drei Komponenten wohl zu hoch drei Sonnenmassen an, so liegt die obere Grenze für eine elliptische Bewegung bei 0,8 km/sec, ja sicher noch tiefer.

Sollte sich aus den EB oder RG ein größerer Wert ergeben, so heißt es: Proxima gehört nur für einige 10^4 bis 10^7 Jahre zu α Cen. Es findet nur eine Begegnung statt.

Bei dem sechsfachen System Castor haben wir zwei spektroskopische Doppelsterne (Perioden $9^d,2$ und $2^d,9$), die einander in rund 400 Jahren umkreisen, also ein periodisches visuelles Paar bilden. Der photometrisch-spektroskopische Doppelstern Castor C = YY Gem hat mit den anderen gemeinsame EB. Angesichts der guten Parallaxe ist der tangentiale Abstand (AB) — C = 970 AE. Setzt man für die Gesamtmasse aller sechs Komponenten 4,7 Sonnenmassen, so darf die relative Geschwindigkeit von C zu (AB) 3,0 km/sec nicht überschreiten, falls C ständig zu (AB) gehören sollte.

Bei dem hellen weiten Paar α Cru ist auch jede der Komponenten ein spektroskopischer Doppelstern, die gehören aber nur temporär zusammen, sind ein Begegnungspaar wie in (7) nachgewiesen wurde. Es ließen sich noch viele weitere Beispiele geben.

Damit haben wir aber bereits kleine Sterntrupps, d. h. eine Gruppe von vier und mehr gemeinsam für einige Zeit im Gravitationsfeld des Milchstraßensystems wandernden Sternen. Ein derartiger Trupp wurde in (7) bereits beschrieben.

Von den Bewegungssternhaufen (Hyaden, Pleiaden, Praesepe) unterscheiden sich die Trupps zunächst nur durch die geringere Zahl der Mitglieder. Bei der „Jagd" nach derartigen Trupps oder „Rudeln" wurde auch ein neuer, uns sehr naher, ausgedehnter Bewegungshaufen von K- und G-Sternen der Leuchtkraftklasse V gefunden (siehe Kapitel 3).

Verwandt hiermit, aber räumlich viel ausgedehnter sind sodann die „Sternfamilien". Die Sterne einer solchen verteilen sich — bei sehr geringer Streuung nach Größe und Richtung der Raumbewegung —

scheinbar über die ganze Sphäre. Die Sonne befindet sich inmitten von ihnen.

Schon vor hundert Jahren hatte Klinkerfuß in Göttingen bei der Untersuchung der „Bärenfamilie" die Vermutung geäußert, daß die ganze Sonnenumgebung sich aus solchen Strömen zusammensetzt.

Eine Variante dieser Gruppen, die sich auf Räume von mehr als 30 pc Ausdehnung erstrecken, sind auch die zahlreichen „Sternfamilien" von Schütte [9]. Dieser hat zusammen mit W. Petri [10] über 1300 Sterne mit bekannten trigonometrischen Parallaxen, EB und RG zunächst deren galaktische Geschwindigkeitskomponenten ξ, η, ζ relativ zur Sonne, dann ihre galaktozentrischen Bahnelemente abgeleitet. Die Mehrzahl der Sterne konnte dann an Hand der Elemente in Familien zusammengefaßt werden, wobei es solche mit mehr als 20 Angehörigen gibt. (Wie leider neuerdings oft auch in anderen Fällen sind diese deutsch geschriebenen Arbeiten anscheinend im Ausland kaum beachtet worden!) Diese Trupps oder Gruppen enthalten zum Teil recht alte Sterne, etwa die Schnelläufer. Später hat Schütte zusammen mit Eckstein das Material um rund 900 entferntere Sterne erweitert. Es ist sicher theoretisch interessant, daß solche Gruppen heute überhaupt noch existieren. Doch sei auf diese für die Entwicklung der Kinematik und Dynamik der Galaxis bedeutsamen Probleme hier nur hingewiesen. Eine natürlich zunächst nur phänomenologische Linie geht von den weiten Paaren über die Trupps und Bewegungshaufen zu den normalen galaktischen Haufen, und da bis zu den jüngsten.

Die Mitglieder eines Trupps oder einer Gruppe bewegen sich natürlich auch relativ zueinander und durchschreiten das allgemeine Sternfeld. Da dürfte das Auftreten von Sternbegegnungen eine ganz wesentlich größere Wahrscheinlichkeit haben, als sie seinerzeit z. B. von Jeans abgeschätzt wurde. Die mit elektronischen Rechenautomaten durchgeführten Arbeiten von Hörners [12] beziehen sich im Grunde auf die Bewegungsverhältnisse eines Trupps von 16 Sternen, wobei er mehrfach temporäre Doppelsterne erhielt. Erfolgt die Begegnung zweier Sterne so nahe, daß ihre gegenseitige Anziehung das Schwerefeld der Milchstraße übersteigt, dann werden diese sich relativ zueinander in langgestreckten Hyperbeln bewegen. Der Verfasser hat zum Teil mit G. Zeller in Wien bis jetzt insgesamt 12 Fälle derart nachgewiesen [13].

Seit den ersten Plänen zu dieser Arbeit (um 1960) — sie wurden für Doppelstern- und Monduntersuchungen zurückgestellt — hatte sich so viel und vielartiges Material angesammelt, besonders über Sterntrupps, daß eine Teilung nötig wurde. In dieser Arbeit werden vor allem die Schütteschen Familien an einer größeren Zahl von Beispielen kritisch auf ihre Realität untersucht (Kapitel 2 bis 5), wobei ein naher Bewegungshaufen neu gefunden wurde, aber auch einige Sterntrupps und der Sonnenhaufen (Kapitel 6).

Die Untersuchungen an den 75 Familien von Schütte führte dann zu ihrer Zusammenfassung in 12 deutlich verschiedene Sternströme (Kapitel 9), die insgesamt über 70% aller Sterne in der engsten Sonnenumgebung enthalten. Ganz andere Einblicke in die Struktur bzw. Kinematik liefern 74 Fälle extremer Bahnformen, davon acht Hyperbeln relativ zur Galaxis (Kapitel 7).

Durch die starke Vermehrung des Beobachtungsmaterials an EB, RG und π — in der Bearbeitung von Schütte — erhält man statt der regellosen Bewegung im Ansatz der klassischen Stellarstatistik ein Bild von verhältnismäßiger Ordnung, zunächst in der Umgebung der Sonne (Kapitel 9 und 10).

2. 107 Aquarii, seine Trupps und die Sternfamilie IV a 4

Prüfung durch Streuungszerlegung nach R. A. Fisher

In einer vorhergehenden Arbeit [14] hatte der Verfasser die provisorischen Bahnelemente, Parallaxe, Massen und absoluten Helligkeiten des langperiodischen Doppelsterns 107 Aqu = ADS 16979 ermittelt. Es wurden weiter die vorhandenen Daten für sechs Sterne in seiner sphärischen Nachbarschaft zusammengestellt, die mit ihm gemeinsame EB haben, so einen Sterntrupp mit 107 Aqu bilden. Ferner wurden die ξ, η, ζ berechnet und mit denen von 16 Sternen der Familie IV a 4 verglichen. Es zeigte sich, daß alle 24 Sterne ihr zuzurechnen sind. Überdies ließen sich in den zwei Katalogen von Schütte und Eckstein [11] rund 50 weitere Sterne finden, die ebenfalls dieser Familie angehören. Es sei nun im folgenden den Fragen nach der Sicherheit der Existenz dieses Trupps und der Familien kritisch nachgegangen.

Dafür wurde zunächst in der Umgebung von 107 Aquarii, d. h. von

22^h 40^m bis 0^h 0^m und von —18° bis —23° die EB aller im Bergedorfer Lexikon angeführten Sterne herausgeschrieben, insgesamt 65. Abb. 1 zeigt das Vektordiagramm der EB in 100 Jahren. Sieht man von den fünf „Ausreißern" ab, so liegen die übrigen in einer Streuungsellipse, in der man aber, wie die Abbildung zeigt, mehr oder weniger getrennten Bereiche unterscheiden kann. 1. Dicht gehäuft in der Mitte 40 Sterne. Sie

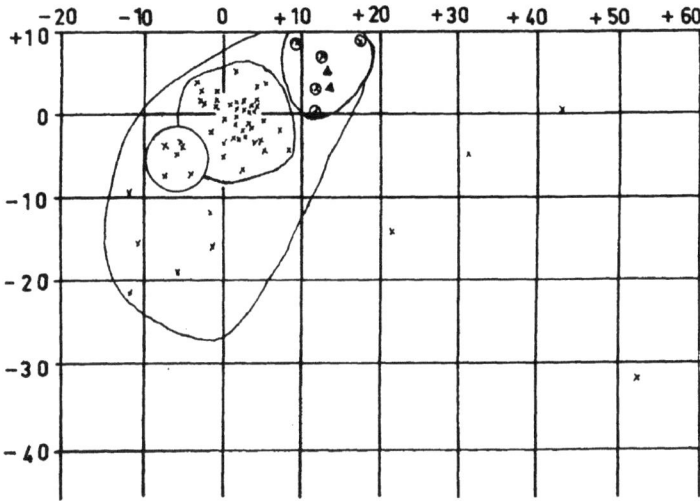

Abb. 1. EB — bei 107 Aqu.

seien „Feldsterne" genannt. Ihre Streuung etwa ± 2$.''$6 ist z. T. durch deren kleine individuelle EB bedingt, sodann durch die Unsicherheit der angegebenen EB. 2. Eine Gruppe von acht Sternen, rechts oben in der Abbildung mit den durchschnittlichen EB von + 12$.''$5 bzw. + 5$.''$2 und der Streuung von ± 2$.''$5. Sie wird als der Trupp „107 Aqu" bezeichnet. 3. Ein zweiter kleiner Trupp von sechs Sternen mit $\bar{\mu}_\alpha = -5.''8$, $\bar{\mu}_\delta = -5.''2$. 4. Schließlich sechs Sterne mit größeren Streuungen bei — 7$.''$0 und — 15$.''$9.

Ist es nun statthaft, das Gesamtkollektiv der 60 Sterne in diese vier Gruppen zu zerlegen, oder anders gesagt: sind vor allem die EB der zwei Trupps „signifikant" verschieden von denen der Feldsterne? Die Beantwortung ist möglich durch die von R. A. Fisher angegebene

Methode der Streuungszerlegung. Da sie m. W. in stellarstatistischen Untersuchungen keine oder nur geringe Anwendung gefunden hat, sei sie nachstehend in engster Anlehnung an die Ausführungen von S. Koller [15] besprochen, zumal sie in den weiteren Teilen dieser Arbeit mehrfach gebraucht wird.

Die N Werte x_i seien gegeben. Ihr Mittelwert sei M. Dann ist das Quadrat der mittleren Abweichung bei $N-1$ „Freiheitsgraden" gegeben durch:

$$\sigma^2 = \frac{1}{N-1} \cdot \sum_i (x_i - M)^2 \qquad (1)$$

Besteht das Material nun aus mehreren Gruppen, für welche das Vorliegen echter Unterschiede geprüft werden soll, so kann man die Abweichungen aller Einzelwerte von den Mittelwerten ihrer Gruppen bilden. Sind s-Gruppen mit den Mittelwerten $M_1, M_2, M_3, \ldots, M_s$ im Material vorhanden, so beruht die Schätzung der mittleren Abweichung auf $(N-s)$ Freiheitsgraden. Bei ausschließlichem Vorhandensein zufälliger Schwankungen ist also

$$\sigma_2^2 = \frac{1}{N-s}\left[\sum_i ({}_1x_i - M_1)^2 + \sum_i ({}_2x_i - M_2)^2 + \ldots + \sum_i ({}_sx_i - M_s)^2 \right]$$
(innere Streuung), \qquad (2)

wobei ${}_1x_i, {}_2x_i, \ldots {}_sx_i$ die x-Werte in der 1-, 2-, … s-ten Gruppe bedeuten. Schließlich kann man auch eine σ-Schätzung auf den s-Gruppenmittelwerten aufbauen ($s-1$ Freiheitsgrade). Handelt es sich nur um Zufallsschwankungen, so ist

$$\sigma_1^2 = \frac{1}{s-1}[n_1(M_1-M)^2 + n_2(M_2-M)^2 + \ldots n_s(M_s-M)^2]$$
(äußere Streuung), \qquad (3)

wobei $n_1, n_2 \ldots n_s$ die Anzahl der in der 1-, 2-, … s-ten Gruppe liegenden Werte bedeutet. Die eckigen Klammern der beiden letzten Formeln ergeben zusammen stets die Quadratsumme der ersten Formel. Man hat damit die Gesamtstreuung im Material in einen Anteil „zwischen den Gruppen", der in der 3. Formel zum Ausdruck kommt, und einen Rest „innerhalb der Gruppen" zerlegt.

Um zu prüfen, ob echte Unterschiede zwischen den Gruppen vorliegen, berechnet man σ_1 und σ_2 und beurteilt das Verhältnis $Q = \sigma_1 : \sigma_2$ nach Tafel 13 bei Koller.

Es sei

$$\xi = \frac{\sigma_1}{\sigma_2} \sqrt{\frac{m_1}{m_2}} \text{ mit } \left. \begin{array}{l} m_1 = s - 1 \\ m_2 = N - s \end{array} \right\} \text{ die Zahl der Freiheitsgrade.} \quad (4)$$

Dann ist nach R. A. Fisher die Wahrscheinlichkeit ε, daß ein bestimmter Wert ξ zufällig überschritten wird:

$$\varepsilon = \frac{2 \cdot \left(\frac{m_1 + m_2 - 2}{2}\right)!}{\frac{m_1 - 2}{2}! \cdot \frac{m_2 - 2}{2}!} \cdot \int_\xi^\infty \frac{\xi^{m_1 - 1}}{(\xi^2 + 1)^{\frac{m_1 + m_2}{2}}} \cdot d\xi. \quad (5)$$

Dieser Ausdruck wurde gleich 0,0027 gesetzt und nach ξ als Funktion von m_1 und m_2 aufgelöst. 0,0027 entspricht der Wahrscheinlichkeit für das Auftreten der dreifachen Streuung (m. F. bzw. dem fünffachen w. F.), wie es bei strengen statistischen Untersuchungen üblich ist. In Anlehnung an eine numerische Auswertung von (5) durch R. A. Fisher hat S. Koller eine graphische Tafel mit doppelter logarithmischer Teilung gegeben für Werte von m_1 von 1 bis ∞, m_2 von 1 bis ∞, die den größten zulässigen Zufallswert von $Q = \sigma_1/\sigma_2$ abzulesen gestattet (Q_{th}).

Sind die aus dem Beobachtungsmaterial mit (2) und (3) abgeleiteten Q-Werte größer, so ist die dabei angenommene Streuungszerlegung als statistisch gesichert bestätigt worden.

Tabelle 1

Nr.	Gruppe	n	$M_{t,\alpha}$	$M_{t,\delta}$	$\sigma(\alpha,\delta)$		α	δ
1	Hintergrund	40	+ 2,"0	− 0,"5	± 2,"6	σ_2	± 2,"63	± 2,"75
2	107 Aqu	8	+ 12,5	+ 5,2	± 2,5	σ_1	± 23,1	± 24,0
3	2. Trupp	6	− 5,8	− 5,2	± 1,4	Q	9,0	8,7
4	Außenbereich	6	− 7,0	− 15,9	± 3,8	Q_{th}	2,4	2,4
	Zusammen	60	+ 1,6	− 1,8				

Tabelle 2

	B.D.	Name	α 1900.0	δ	m	Sp	μα 0,″003	μs	RG	LKK	M	M − m
1	−18,6357	103 Aqu	23h 36m4	−18°,6	5,6	K 0	−41	−69	+25,1 b	III	+0,4	−5,2
2	−21,6330		22 51,7	−20,9	var	gM 4 e	−52	−36	−58 c	—	0,0	(−8,3)
3	−21,6420	99 Aqu	23 20,8	−21,2	5,5	K 5	−60	−48	+15,7 a	III	−0,1	−5,6
4	−22,6114		23 17,7	−22,1	8,7	F 8	−51	−40	—	V	+4,3	−4,4
5	−22,6119		23 18,8	−22,3	6,8	F 5	−72	−76	+24,5 b	IV	+3,2	−3,6
6	−27,6142		23 29,8	−22,4	7,8	F 0	−75	−40	—	V	+3,0	−4,8

Bei Anwendung dieses Verfahrens auf die 60 Sterne bzw. vier Gruppen um 107 Aqu erhält man $Q_{th} = 2{,}40$ und die errechneten Q für $\alpha = 9{,}0$ und $\delta = 8{,}7$. Also weit über der theoretischen Grenze, d. h. die Existenz der beiden Rudel ist statistisch völlig gesichert (vgl. Tab. 1).

Für den zweiten bei dieser Untersuchung gefundenen Trupp enthält Tab. 2 hier interessierende Einzelheiten. Aufgeführt sind die BD-Nummer des Sterns, seine genäherte Position für 1900,0, die scheinbare Helligkeit, der Spektraltyp, die μ_α und μ_δ, die Leuchtkraftklasse und absolute Helligkeit, beides nach den Angaben von Alden [16]. Der zweite Stern ist der schon von Argelander aufgefundene Mira-veränderliche S Aqu mit Helligkeitsschwankungen zwischen 7,3^m und 14^m und 280^d-Periode. Die letzte Spalte der Tabelle gibt die $M - m$, die nach Lage der Dinge überraschend gut übereinstimmen, eine weitere Bestätigung der Existenz dieses Sterntrupps. Ihr Mittel, ohne Stern 2, $M - m = -4{,}66$ entspricht $\pi = 0{,}''0112$ oder einer Entfernung von 89 pc. Stern 2 gehört trotz gleicher EB nicht zum Rudel wegen seiner abweichenden RG und des $(M-m)$-Wertes. Ein warnendes Beispiel dafür, daß die EB allein noch keine Sicherheit für die Zugehörigkeit zu einem Trupp oder Haufen oder einer Familie geben.

Mit der angegebenen Parallaxe, den Mittelwerten der EB und RG erhält man mit Hilfe der Tafel von F. Link [17] die galaktischen Geschwindigkeitskomponenten des Trupps $\xi = -15, \eta = -18, \zeta = +20$. Diese Werte passen gut zu denen der Familie I a 1 nach Schütte. Ihre ξ, η, ζ-Werte liegen in den Grenzen für $\xi - 16$ und -29, für $\eta - 7$ und -24,, für $\zeta + 6 + 27$, d. h. der Trupp könnte gut zu dieser Familie gehören. Sie hat nach Schütte die Komponenten $\xi = -23$, $\eta = -13, \zeta = +13$.

Für den ersten Trupp, d. h. den sechs Sternen um 107 Aqu, waren schon in der letzten Tabelle meiner früheren Arbeit die ξ, η, ζ berechnet und mit den sieben bzw. neun Sternen der Familie IV a 4 aus dem Hauptkatalog von Schütte [9] und seiner Ergänzung durch Petri zusammengestellt worden (Tab. 3). Mittelbildung führt zu der kleinen Tab. 4. Sie, wie auch ein Blick auf die Tab. 3 zeigt, daß der Trupp 107 Aqu offenbar zur Familie IV a 4 gehört, was auch durch die oben geschilderte Streuungszerlegung bestätigt wurde. Hierbei ergab sich als Grenzwert $Q_{th} = 2{,}80$, während die errechneten Werte $Q_\xi = 0{,}37$, $Q_\eta = 2{,}36$,

Tabelle 3

Nr.	Stern	Sp.	M	ξ	η	ζ	Nr.	Stern	Sp.
			107 Aqu						
1	− 19°,6366	G 5	5ᵐ,3	− 29	+ 7	− 14	9	Sch 129	F 8
2	− 19,6450	G 5	2,9	− 42	+ 32	− 11	10	272	M 3
3	− 19,6506 A	A 5	1,9	− 34	+ 13	− 8	11	γ Vir 500	F 0
4	− 19,6506 B	A 5	3,2	− 41	+ 17	− 9	12	537	K 5
5	− 20,6703	F 2	2,6	− 31	+ 19	− 6	13	γ Beo 586	F 0
6	− 22,6251	G 5	4,5	− 34	+ 25	− 7	14	756	F 0
7	− 22,6	G 5	4,4	− 36	+ 12	− 5	15	778	M 0
8	− Yale 11	G 0	5,0	− 34	+ 17	− 6			
	Mittel			− 34	+ 18	− 8			

$Q_\zeta = 2{,}34$ alle kleiner sind. Eine Streuungszerlegung ist also nicht statthaft. Die 24 Sterne bilden also ein einheitliches Kollektiv. Daß mindestens etwa 50 weitere Sterne zu dieser Familie gehören, wird auf Seite 268 besprochen.

3. Der Bewegungshaufen in Ps A, die Familie III i 3

Bei der Suche nach weiteren Rudeln in der Umgebung von α Ps A fand sich im Bereich von $22^h 0^m$ bis $24^h 0^m$, $-26°$ bis $-40°$ eine größere Zahl von starken und gleichgerichteten EB von Sternen meist um 8^m. Es erschien sinnvoll zu untersuchen, ob es sich um einen neuen „Moving Cluster" handelt, und wenn ja, seine Eigenschaften nach Maßgabe des vorliegenden Beobachtungsmaterials zu ermitteln. Das untersuchte Feld liegt gut teils im Sternbild Piscis Australis mit α Ps A nahe der Mitte und kleinen Teilen der Sternbilder Grus und Sculptor.

Das Feld umfaßt $30° \cdot \cos 33° \cdot 14° = 352$ Quadratgrad. Durchmustert wurden die vier EB-Kataloge

1. Yale ($-22°$ bis $-27°$) von Nr. 15057 bis 15975 mit 818 Sternen
2. Yale ($-27°$ bis $-30°$) von Nr. 14360 bis 15197 mit 837 Sternen

M	ξ	η	ζ	Nr.	Stern	Sp-	M	ξ	η	ζ
Schütte						Petri				
3ᵐ5	− 25	+ 2	− 15	16	Pe 1101	K 6	9ᵐ1	− 45	+ 4	− 6
10,9	− 42	+ 19	− 8	17	1126	K 0	6,6	− 46	+ 4	− 17
3,5	− 28	+ 9	− 11	18	1157	K 1	8,2	− 30	+ 9	− 7
8,1	− 39	+ 12	− 26	19	1244	F 3	3,2	− 32	+ 10	− 15
0,7	− 42	+ 6	− 22	20	1253	gG 5	2,0	− 23	+ 16	− 24
2,6	− 39	+ 8	− 18	21	1277	gK 2	3,0	− 23	+ 23	− 21
9,9	− 32	+ 6	− 20	22	1405	A 6	2,2	− 46	+ 15	− 17
				23	1411	G 5	5,6	− 46	+ 8	− 20
				24	1435	F 7	4,0	− 39	+ 3	− 4
	− 35	+ 9	− 17					− 36	+ 11	− 14

Tabelle 4

Gruppe	n	ξ̄	η̄	ζ̄		ξ	η	ζ
107 Aqu	8	− 34	+ 18	− 8	σ₂	± 8,0	± 6,0	± 5,8
Schütte	7	− 35	+ 9	− 17	σ₁	± 2,9	± 16,0	± 13,7
Petri	9	− 36	+ 11	− 14	Q	0,37	2,36	2,34
Zusammen	24	− 35	+ 13	− 13	Q_{th}	2,80		

3. Kap (— 30° bis — 35°) von Nr. 11 981 bis 12 846 mit 865 Sternen
4. Kap (— 35° bis — 38°) von Nr. 11 309 bis 12 115 mit 806 Sternen
Zusammen 3426 Sterne, also durchschnittlich 9,7 pro Quadratgrad.

Um einen Einblick in die Streuungen der EB der Feldsterne zu bekommen, hervorgerufen durch die motus peculiares und die Meßunsicherheiten, wurde für den ersten Kap-Katalog eine Verteilungstafel der μ_α und μ_δ mit Klassenbreiten von 0″,050 aufgestellt — ohne neun „Ausreißer" mit $\mu_\alpha > + 0″,300$.

Für die Mittelwerte ergab sich $\bar{\mu}_\alpha = − 0″,007$, $\bar{\mu}_\delta = − 0″,014$, also etwa die Apex-Bewegung, was hier aber weiter nicht interessiert. Die

Tabelle 5

Nr.	Cor. DM.	m	Sp.	α 1950,0	δ	μ_α	μ_δ	π 0",001	Bemerkungen
1	35,15127	8,6	G 5	22h 2m,1	−35°25'	+0,329	−0,192		
2	26,16110	7,5	G 0	20,4	−26 6	+,379	−,110	30	
3	31,18815	9,8	—	24,8	−32 22	+,285	−,200	80	
4	31,18861	8,6	G 5	29,3	−31 26	+,284	−,195		
5	36,15445	7,9	G 0	30,6	−35 42	+,342	−,152	38	
6	28,17852	10,0	—	34,7	−28 19	+,330	−,240		
7	28,17856	9,5	—	34,9	−28 20	+,330	−,240		
8	28,17838	9,2	K 2	33,0	−28 23	+,210	−,175		
9	26,16395	7,3	G 0	55,1	−26 22	+,208	−,297		ADS 16400
10	33,16219	7,6	G 5	44,3	−32 56	+,262	−,087		
11	27,16109	8,3	G 5	53,2	−26 55	+,238	−,174	32	
12	27,16126	9,0	G 5	55,2	−26 59	+,233	−,134		
13	32,17321	6,46	dK 4	53,6	−31 50	+,321	−,161	134	RG + 6 0 km/sec
14	30,19370	1,29	A 2	54,9	−30 17	+,328	−,164		α PsA RG + 6,5a km/sec
15	28,18043	8,5	G 5	58,7	−28 17	+,250	−,125		
16	35,15614	9,3	G 5	58,6	−35 22	+,207	−,146		
17	36,15717	9,8	G 0	23 4,6	−36 33	+,183	−,187		
18	33,16443	9,8	G 0	11,4	−33 19	+,188	−,162		
19	33,16613	9,9	K 2	33,7	−33 29	+,184	−,180		
20	33,16646	7,2	K 1	36,2	−33 0	+,227	−,284		
21	35,15901	11,2	K 0	40,8	−35 33	+,298	−,181	38	
22	29,18812	9,1	G 5	40,6	−29 21	+,175	−,187		
23	28,18316	9,0	G 5	41,8	−28 19	+,201	−,112		
24	31,19475	10,0	G 5	49,1	−30 42	+,326	−,249		
25	39,15200	8,2	K 0	53,6	−39 20	+,193	−,183		
26	29,18946	8,4	G 5	0 1,1	−28 40	+,273	−,144		
27	33,19496	9,9	K 2	23 51,7	−31 35	+,386	−,124		

Streuungen betragen $\sigma(\mu_\alpha) = \pm 0{,}060$, $\sigma(\mu_\delta) = \pm 0{,}048$, also etwa gleich groß, im Mittel $0{,}054$. Die Streuung der μ ist dann

$$\sqrt{\sigma^2(\mu_\alpha) + \sigma^2(\mu_\delta)} = \pm 0{,}085.$$

Nun haben die in der Tab. 5 zusammengestellten 27 Haufensterne alle $\mu > 0{,}220$, dem 2,75fachen Betrag der Streuung der Feldsterne. Bei einer

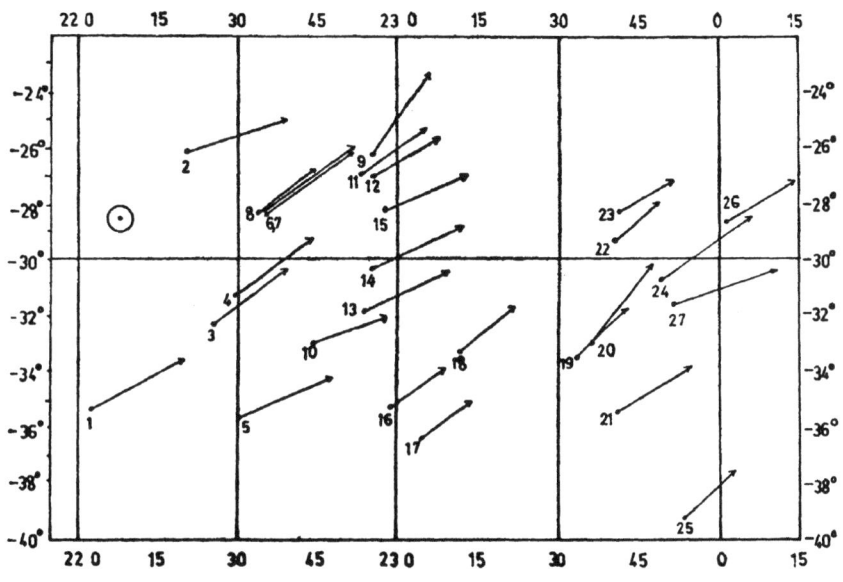

Abb. 2. Piscis-Australis-Haufen.

Normalverteilung sind dann unter den 3426 Sternen noch 31 mit starker EB in allen Richtungen zu erwarten. Tatsächlich liegen die Positionswinkel sehr eng in der gleichen Richtung von 106 bis 145°, d. h. ein 1/9 von 360°. Es wären also nur etwa drei Sterne mit $\mu > 0{,}22$ im Bereich von 40° zu erwarten, und nicht 25, was allein schon auf die Realität des Haufens hinweist. Siehe dazu auch Abb. 2.

In Tab. 5 sind die mir zugänglichen Daten für 27 Sterne zusammengestellt.

Das Paar Nr. 13 und 14 ist α Ps A. Wenn es auch Anlaß zu dieser Untersuchung war und seine EB nach Richtung und Größe gut zu den übrigen Sternen paßt, so gehört es doch nicht zu dem Bewegungshaufen.

Es steht, von uns aus, weit vor dem Haufen. Die gesicherte $\pi_t r = 0\overset{''}{,}134$ entspricht 7,5 pc, der Abstand der Komponenten von α Ps A ist mehr als $5{,}4 \cdot 10^4$ AE. Es dürfte sich um ein weiteres Mitglied der Sonnenfamilie (siehe Seite 276) handeln, mit den $\xi = -10$-, $\eta = -4$- und $\zeta = -4$- Werten nach Schütte. Die absoluten Helligkeiten sind $M_A = +1{,}94$, $M_B = +7{,}21$. Beide Komponenten sind Hauptreihensterne. Vermutlich sind sie ein Begegnungspaar. Bei der weiteren Diskussion wird α Ps A hier weiter keine Rolle spielen.

Dagegen könnte vielleicht als 28. Stern ADS 17031 = δ Scl trotz seiner geringeren EB noch zu dem Bewegungshaufen gehören. Er gehört nach Schütte zu der zahlreichen Familie III i 3. Mit der angegebenen Parallaxe wird die Distanz der Komponenten 74″ mindestens 2200 AE. Ähnlich wie in anderen Fällen dürfte es sich um ein Begegnungspaar handeln.

Im Durchschnitt der 25 Sterne ist $\mu_\alpha = +0\overset{''}{,}260$, $\mu_\delta = -0\overset{''}{,}174$, $\mu = 0{,}315''$, also über zweimal größer als die beiden bekannten Ströme, der Kern der Bärenfamilie $\mu_\alpha = +0\overset{''}{,}160$, $\mu_\delta = +0\overset{''}{,}001$ und die Hyaden $\mu_\alpha = +0\overset{''}{,}135$, $\mu_\delta = -0\overset{''}{,}014$.

Die trigonometrische Parallaxe ist im Mittel $\pi = +0\overset{''}{,}0345$ oder 29,0 pc. Damit erstreckt sich der Haufen auf 12 pc in α und 7 pc in δ. $M - m$ wird $-2\overset{m}{,}30$. Gibt man dem Haufen eine Tiefenerstreckung von 10 pc, so würden die $M - m$ zwischen $-1\overset{m}{,}90$ und $-2\overset{m}{,}65$ liegen und damit die einzelnen M um $\pm 0\overset{m}{,}4$ unsicherer sein. Im ganzen gehören alle Sterne zur Hauptreihe. Daß sie von dieser zum Teil stärkere Abweichungen haben, liegt vor allem an der groben Spektralklassifikation des D.C., teils an den individuellen Parallaxen und schließlich auch an der kosmischen Streuung der M.

Der nächste Schritt war die Ermittlung des Konvergenzpunktes des Haufens (Rektaszension A, Deklination D) entsprechend dem Verfahren von Charlier [18] bzw. N. H. Rasmuson [19]. Es ergab sich A = 13^h 20^m ± 32^m und D = + 32° ± 3° für 1950,0. Für die vier Sterne mit trigonometrischen Parallaxen werden die EB 45,3, 43,5, 31,7 und 46,7, im Mittel 42,2 km/sec. Weiter erhält man die Sterngeschwindigkeiten 80, 67, 45 und 66 km/sec, im Mittel 65,0 km/sec.

Zur Erläuterung diene die nebenstehende Abb. 3. Es ergibt sich, daß der Haufen in $3{,}5 \cdot 10^5$ Jahren den Punkt A erreicht.

Wenn man die Annahme machen dürfte, daß die relativen Bewegungen der Haufensterne gegeneinander kleiner als 1 km/sec sind, dann würde dies in der angegebenen Zeit relative Ortsänderungen bis zu 0,36 pc ausmachen, verhältnismäßig wenig. Anders bei höheren Relativgeschwindigkeiten. Da käme die ganze Problematik der Auflösung eines Sternhaufens ins Spiel, doch sei hier nicht darauf eingegangen.

Es wurden weiter mit Hilfe der Tafeln von Link [17] aus den Mittelwerten der Parallaxen, EB und RG die galaktischen Geschwin-

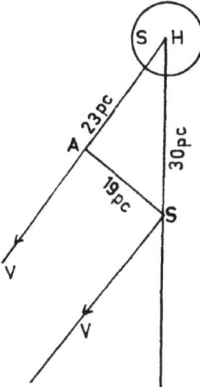

Abb. 3. S = Sonne, H = Haufen, V = Vertex, SA = Kürzester Abstand.

digkeitskomponenten berechnet. Man erhält $\xi = -53$, $\eta = -20$, $\zeta = +20$ km/sec.

Das ist aber völlig identisch mit den Werten (aus 15 Sternen) der Schütteschen Familie I a 2, $\xi = -48{,}1$, $\eta = -18{,}2$, $\zeta = +16{,}8$ km/sec, $\bar{\pi} = 0{,}''052$. Zu diesen 15 Sternen kommen noch 16 weitere aus dem Petri-Katalog und den Mittelwerten $\xi = -48{,}4$, $\eta = -18{,}0$, $\zeta = +13{,}6$, $\bar{\pi} = 0{,}''053$. Das heißt aber, der Ps A-Haufen ist ein Teil dieser Familie, nur viel kompakter als ihr Durchschnitt. Abb. 4 soll dies veranschaulichen. Für sie wurden die rechtwinkligen äquatorialen Koordinaten in pc berechnet. Die Abb. 4 zeigt mit × × ihre Verteilung in der xy-Ebene. Die ∆∆ kennzeichnen die Haufensterne, der Kreis hat 12 pc Radius. Die ∆ wurden unter der Annahme berechnet, daß alle Sterne die gleiche räumliche Geschwindigkeit haben und die einzelnen EB im Verhältnis zum Mittel ein Maß für die Entfernungen darstellen, also

$$\Delta \text{ in pc} = 29{,}0 \cdot \frac{0{,}315}{\mu (\Delta)}.$$

Der Haufen liegt in 29,0 pc Distanz am Rande des von Schütte

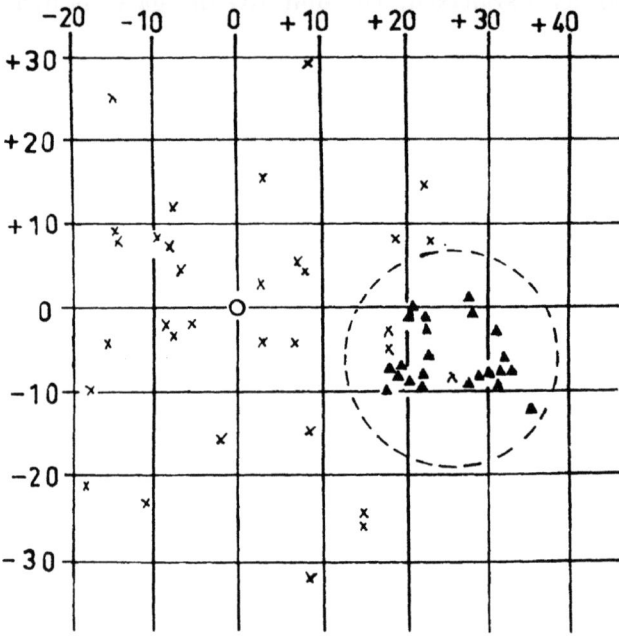

Abb. 4. Äquatoriale Koordinaten x y in pc der Familie I a 2 und Bereich des Ps A-Haufen.

und Petri untersuchten Bereichs. Natürlich wird es darüber hinaus noch weitere Sterne der Familie I a 2 geben. So enthalten die beiden Kataloge von Schütte und Eckstein [8] viele der Art, die zwischen 67 und 333 pc liegen.

Für den gewiß interessanten Haufen Ps A selbst ist dringend die Beschaffung weiteren Beobachtungsmaterials erwünscht, angefangen von den EB, dann Photometrie und Kolorimetrie, und vor allem gute Spektralklassen und Radialgeschwindigkeiten, aus denen spektroskopische Parallaxen und nach Möglichkeit mit Doppelsternen auch dynamische abgeleitet werden können.

4. Die Schütteschen Sternfamilien, Allgemeines

K. Schütte hatte schon vor fast 20 Jahren die erste einer Reihe von Arbeiten veröffentlicht [9] unter dem gemeinsamen Titel „Galaktozentrische Bahnelemente von Sternen in der nächsten Sonnenumgebung". Bei dieser sind in Form eines Kataloges 1026 Sterne bis zu $\pi = 0\rlap{.}''030$ entsprechend 33 pc aus den Positionen α, δ (für 1900,0), den Eigenbewegungen (EB) und Radialgeschwindigkeiten (RG) sowie den trigonometrischen Parallaxen π, die rechtwinkligen galaktischen Geschwindigkeitskomponenten in km/sec mit der alten Definition der galaktischen Koordinaten ξ, η, ζ relativ zur Sonne ermittelt worden.

Anschließend wurden mit gut verbürgten Annahmen für den Abstand der Sonne vom galaktischen Zentrum, ihrer Richtung und Geschwindigkeit relativ zu diesem für jeden einzelnen der Sterne die Bahnelemente ihrer elliptischen Bewegung um das Zentrum berechnet, d. h. die große Achse a, Exzentrizität e, die wahre Anomalie und die Neigung der Bahn zur Galaxis i.

Eine Fortsetzung des Katalogs, völlig gleichartig, brachte 1954 die Arbeit von Petri [10] mit 353 Sternen. Ferner haben K. Schütte und M. Eckstein 1958 in zwei ähnlichen Katalogen 423 Sterne zwischen 67 und 100 pc Abstand von der Sonne bzw. 451 Sterne zwischen 166 und 333 pc behandelt [11]. Im folgenden werden wir uns meistens mit den 1379 Sternen der Schütte-Petri-Kataloge beschäftigen.

Tabelle 6

Gruppe	Sterne	Familien	Kennzeichen	
1	105	11	Bärenstrom	
2	164	12	Taurusstrom	685 Sterne
3	416	51	Neue Familien	
4	341	—	242 Fälle von Einzelgängern, Doppel- und Dreifachsystemen.	
zus.	1026	74		

Tabelle 7

Nr.	Sch.	Name	α 1900,0	δ	π 0",001	Sp.	M
1	129		2h51m	+ 8°	71	F 8	+ 3,5
2	272	Wolf 294	6 48	+ 33	161	M 3	+ 10,9
3	500	γ Vir dpl	12 37	− 1	95	F 0	+ 3,5
4	537	dpl	13 19	+ 30	69	K 5	+ 8,1
5	586	γ Boo	14 28	+ 39	35	F 0	+ 0,7
6	756	ζ Ser	17 55	− 4	40	F 0	+ 2,6
7	778		18 32	+ 46	86	M 0	+ 9,9
	Mittel				0,074		
8	1101		0 0	+ 45	90	dK 6	+ 8,1
9	1103		0 13	− 14	34	dG 0	+ 4,3
10	1126		1 18	− 13	45	dK 0	+ 6,6
11	1157		4 2	+ 76	36	dK 1	+ 6,0
12	1218		9 16	+ 76	56	dK 5	+ 7,8
13	1277	87 Vir	13 44	− 18	38	gK 2	+ 3,0
14	1313		15 59	+ 71	36	dG 2	+ 5,2
15	1405	ζ Cep	22 11	+ 57	39	dA 6	+ 2,2
	Mittel				0,047		
	Gesamtmittel						

Leider haben anscheinend diese Arbeiten nur sehr wenig Beachtung gefunden. Gründe dafür mögen sein: Zu geringe Verbreitung, da die meisten Sternwarten und astronomischen Institute nicht die Sitzungsberichte der Österreichischen Akademie der Wissenschaften besitzen, auch fehlt in ihnen noch jeweils eine kurze, englisch oder französisch geschriebene Zusammenfassung, wie es heute üblich ist. Schütte selbst hat sich seit 1958 nicht mehr zu dem Thema geäußert.

Seit rund 100 Jahren — den Arbeiten von Proktor [20] und Klinkerfuß [21] — kennen wir den „Bärenstrom", d. h. eine Gruppe von Sternen, deren Mitglieder von uns aus gesehen sich rund um die Sphäre verteilen und die sich im Raume in parallelen Bahnen mit gleicher Geschwindigkeit bewegen. Ja, Klinkerfuß hat schon den Gedanken ausgesprochen, daß das ganze Sternsystem sich aus solchen Strömen zusammensetzt. Später kamen — heute auch völlig gesichert — der Taurus- (Hyaden-) Strom dazu, während die Realität anderer Ströme (Scorpio-

ξ	η	ζ	(180° − i)	v	e	a
− 25	+ 2	− 15	− 3°3	134°	0,111	0,94
− 42	+ 19	− 8	− 1,9	109	173	0,97
− 28	+ 9	− 11	− 2,5	121	116	0,95
− 39	+ 12	− 26	− 5,8	117	158	0,95
− 32	+ 6	− 22	− 5,0	127	132	0,94
− 39	+ 8	− 18	− 4,1	128	167	0,92
− 32	+ 6	− 20	− 4,4	129	136	0,93
− 33,1	+ 8,9	− 17,1	− 3,4	124	142	0,943
− 45	+ 4	− 6	− 1,4	142	212	0,87
− 53	+ 13	− 26	− 6,0	124	216	0,92
− 46	+ 4	− 15	− 4,0	139	208	0,88
− 30	+ 9	− 7	− 1,6	123	126	0,95
− 26	+ 5	− 11	− 2,4	140	113	0,94
− 23	+ 23	− 21	− 4,4	67	133	1,07
− 31	+ 9	− 7	− 1,6	125	141	0,95
− 46	+ 15	− 17	− 3,8	116	189	0,95
− 37,5	+ 10,2	− 13,8	− 3,1	122	167	0,941
− 35,3	+ 9,6	− 15,4	− 3,2	123	155	0,942

Centaurus, Perseus usw.) oft angezweifelt wurde. Eine ältere Übersicht dazu gibt die Arbeit von Rasmuson [19].

Schütte sucht nun an Hand seiner 1026 Sterne ähnliche Gruppen mit gemeinsamer galaktischer Bewegung zu ermitteln, im wesentlichen durch Analyse der galaktozentrischen Bahnelemente. Er findet so insgesamt 74 „Familien", die sich, wie Tab. 6 zeigt, verteilen.

Das heißt: Über zwei Drittel aller Sterne der engeren Sonnenumgebung befinden sich in Familien von 4 bis zu 36, im Durchschnitt 9 Sternen.

Dazu käme als 75. die in dieser Arbeit besprochene Sonnenfamilie mit 62 Sternen. Der hier auch diskutierte Bewegungshaufen in Ps A (Kapitel 3) liegt am Rande des Schütteschen Bereichs von 33 pc.

Schütte gliedert die Neuen Familien in 22, die zur Zeit eine relativ zum galaktischen Zentrum nach innen gerichtete Bahn haben und 29 nach außen (i bzw. a). Ferner in acht Gruppen je nach dem Oktanten an der Sphäre, in den die Bewegung zielt, d. h. ξ, η, ζ bei I —, —, +, bei II —, +, + usw. Jede Gruppe hat dann noch bis zu zwölf Einzelfamilien. In den Katalogen von Petri [10] und Schütte-Eckstein [11] wurden die einzelnen Sterne nicht bestimmten Familien zugeordnet, doch ist es erfahrungsgemäß leicht, dies nachträglich zu tun.

Zur Veranschaulichung sind in Tab. 7 für die 4. Familie der Gruppe IV a die Unterlagen zusammengestellt. Sie ist ein Durchschnittsfall nach Zahl der Sterne und der Größe der ξ, η, ζ. In ihrer oberen Hälfte enthält sie sieben Sterne aus dem 1. Schütte-Katalog, unten acht aus dem von Petri. Ihre Spalten bedürfen wohl keiner Erklärung (180° — i) Neigung zur Galaxis, v wahre Anomalie, e Exzentrizität, a große Halbachse der Bahn, Einheit 10^4 pc.

Die Streuungen der ξ, η, ζ betragen oben $\pm$ 6,0, unten $\pm$ 8,6 km/sec. Es mag dies damit zusammenhängen, daß im Durchschnitt die Parallaxen oben größer sind als unten, der „Nachlese" von Petri. Bei letzteren wirken sich die Unsicherheiten der trigonometrischen Parallaxen stärker aus. Insgesamt haben wir elf Sterne der Hauptreihe V und vier normale Riesen der Klasse III. Weiteres über dies und andere Familien später und auch in Kapitel 2 (S. 258).

Petri schreibt in seiner Arbeit: „Nunmehr dürften, zusammen mit den von Schütte behandelten, die Fixsterne der näheren Sonnenumgebung bis $\pi = 0\overset{"}{,}030$ wirklich nach dem neuesten Stande so vollständig erfaßt sein, daß eine wesentliche Vermehrung des Materials in absehbarer Zeit nur dann zu erwarten ist, wenn die RG-Programme des Südhimmels einen höchst wünschenswerten Aufschwung erfahren." Eine Kugel von 33,3 pc Radius um die Sonne hat ein Volumen von $1,57 \cdot 10^5$ pc^3. Das gibt für die Schütte-Petri-Sterne eine Raumdichte von 8,3 pro 10^3 pc^3. Andererseits erhält man aus der bolometrischen Leuchtkraftkurve von Ferrari [22] aus der Summe der Sterne von den hellsten bis zur absoluten Größe + 6,5 eine Raumdichte von 10,5 pro 10^3 pc^3. Bis zu dieser Helligkeit scheint also der Schütte-Petri-Katalog die engere Sonnenumgebung ziemlich vollständig zu erfassen. Es fehlen nur vorab die zahlreichen sehr schwachen Sterne, vor allem deren RG.

5. Die Realität der 74 Familien von Schütte

Gewiß wird man beim Lesen der Schütteschen Arbeiten angesichts der 74 behaupteten Familien skeptisch bezüglich ihrer Realität. Ist da nicht das vorhandene Material überinterpretiert worden? Sollte man nicht einige Familien zusammenfassen, wenn ihre ξ, η, ζ-Werte ähnlich erscheinen? Gewiß, rasch sich bewegende Familien wie V i 1 mit $\xi = +67$, $\eta = -51$, $\zeta = +5$-Werten und V i 2 mit $\xi = +50$, $\eta = -20$, $\zeta = +16$ wird man als reell verschieden sofort anerkennen. Wie steht es aber mit Familien von mittlerer und kleiner Geschwindigkeit? Ist die Aufteilung der Bären- bzw. Taurusströme in elf bzw. zwölf Familien berechtigt? Im folgenden wird versucht, diese Fragen durch Anwendung der „Streuungszerlegung" zu beantworten.

1. Der Bärenstrom

Benutzt wurden die Angaben bzw. Tabellen von Seite 26 bis 35 des vierten Teils der Schütteschen Arbeit. Bei den elf Familien zeigen der Kern des Stroms (B_0) und die Familie B_-^2 und B_+^3 besonders starke Ähnlichkeit, wie es Tab. 8 zeigt. Hieraus ergeben sich (siehe S. 254) die inneren Streuungen σ_2 der Tab. 9 und σ_1, die äußeren und $Q = \sigma_1/\sigma_2$ nach den Beobachtungen, während die theoretische Grenze 2,75 ist.

Die sehr kleinen σ_2 zeigen die große Homogenität jeder der drei Familien. Die beobachteten Q-Werte erweisen, daß eine Trennung in

Tabelle 8

Fam.	n	ξ	η	ζ
Bo	10	+ 12,7	− 5,7	− 0,9
B_-^2	10	+ 13,1	− 4,5	− 2,7
B_+^3	12	+ 14.9	− 6,8	+ 3,2
Zus.	32	+ 13,6	− 5,7	− 0,2

Tabelle 9

	ξ	η	ζ	
σ_2	3,3	2,1	2,4	$Q_{th} = 2{,}75$
σ_1	3,9	4,0	10,2	
Q	1,2	1,9	4.3	

drei Familien auf Grund der ξ, η-Werte zwar nicht statthaft wäre, aber in ζ unbedingt zu erfolgen hat. Da die ξ, η, ζ bei den übrigen acht Familien noch stärker von den drei hier behandelten abweichen, erscheint die Existenz aller elf Familien durchaus gesichert.

2. Der Taurusstrom

Da hier — ähnlich wie bei dem Bärenstrom — die ξ,η,ζ der zwölf Familien wieder stark differieren, genügt die Prüfung der beiden Familien des Stromkerns, d. h. der Hyaden. Die Tabellen Nr. 10 und 11 entsprechen ganz den beiden letzten.

Tabelle 10

Fam.	n	ξ	η	ζ
Ha	6	− 49,7	0,0	+ 9,7
Hb	12	− 39,9	+ 6,8	+ 4,1
Zus.	18	− 43,2	+ 4,5	+ 6,0

Tabelle 11

	ξ	η	ζ	
σ_2	3,4	3,0	3,6	
σ_1	19,6	13,6	11,2	$Q_{th} = 3{,}50$
Q	5,7	4,6	3,1	

Tabelle 12

Fam.	n	ξ	η	ζ
III a 1	16	− 21,1	− 18,1	− 6,7
III a 4	13	− 28.2	− 19,7	− 1,5
Zus.	29	− 24.3	− 18,8	− 4,3

Der theoretische Grenzwert von Q ist hier 3,50, d. h. zwar nicht in ζ, auf jeden Fall aber in ξ und η ist die Teilung der beiden Familien voll verbürgt, erst recht die Existenz der anderen Familien des Taurusstroms.

3. Es folgen zwei Beispiele aus den „neuen Familien". Das erste bezieht sich auf die verhältnismäßig ähnlichen Familien III a 1 und III a 4 (Tab. 12 und 13). Wie die Streuungszerlegung zunächst zeigt, ist hier die innere Genauigkeit σ_2 geringer als bei den Bären- und Taurus-

Tabelle 13

	ξ	η	ζ	
σ_2	5,7	4,3	6,0	
σ_1	19,1	4,3	13,9	$Q_{th} = 3,20$
Q	3,3	1,0	4,8	

Tabelle 14

Fam.	n	ξ	η	ζ
II a 2	15	− 77,0	+ 6,7	+ 15,7
II a 3	11	− 80,4	+ 1,7	+ 1,8
Zus.	26	− 78,9	+ 4,6	+ 9,8

Tabelle 15

	ξ	η	ζ	
σ_2	12,7	6,9	5,2	
σ_1	8,6	12,1	32,6	$Q_{th} = 3,30$
Q	0,7	1,8	6,2	

familien. Das war zu erwarten, da es sich bei diesen ja um besonders hochwertiges Beobachtungsmaterial handelt. Der Grenzwert $Q = 3,20$ wird in ξ und ζ überschritten, die Aufteilung der zwei Familien also wieder als berechtigt erwiesen.

4. Die wieder recht ähnlichen Familien II a 2 und 3 enthalten bei Schütte nur elf bzw. vier Sterne. Sie wurden durch vier bzw. sieben Sterne aus dem Petri-Katalog ergänzt. Die Durchrechnung der Streuungszerlegung mit den theoretischen Grenzwerten $Q = 3,30$ zeigt das beim Blick auf die Tab. 14 und 15 zu erwartende Ergebnis. Nach dem Be-

fund in ξ und η müßte man die beiden Familien als eine betrachten, dagegen zeigen die ζ in aller Deutlichkeit, daß es sich wirklich um zwei Familien handelt.

Die vier Stichproben in kritischen Fällen bestätigten die Existenz der einzelnen Schütte-Familien, damit aber auch die von allen Familien.

Es sei weiter noch bemerkt: als Hyaden im engeren Sinne werden etwa 30 Sterne gemeinsamer Eigenbewegung genannt, in einem Feld von rund $20° \times 20°$ Ausdehnung um γ Tauri. Aber auch unter ihnen gibt es Vertreter aus schon mindestens sechs der zwölf Schütteschen Familien. Er nahm ja nur solche mit bekannten μ_α, μ_δ, RG und π_{tr}, also nur relativ helle. Unter den schwächeren Sternen dieses Bereiches befinden sich aber hunderte, die auch zum Taurusstrom gehören. So führt z. B. G. Beulig [23] die absoluten EB von etwa 60 solcher auf und entsprechend E. Heilmair [24] die zugehörigen F. I. bis 10^m in den Zentral-Hyaden.

Im dritten Katalog der Bahnelemente visueller Doppelsterne von Finsen und Worley [25] befinden sich fast 30 zum Taurusstrom gehörige Paare, die z. T. nicht bei Schütte stehen, also keine RG und auch keine trigonometrischen Parallaxen haben. Sie reichen von Capella bis zu M.-Zwergen. Bekanntlich hat man die absoluten Helligkeiten der Hyadensterne vielfach zur Distanzbestimmung weiter entfernter Objekte benutzt, etwa der δ Cep-Sterne bis hin zu den Galaxien.

Andererseits sind durchschnittlich die trigonometrischen Parallaxen der 18 Taurussterne des Kerns bei Schütte $0\overset{\prime\prime}{.}028$, also jenseits der heutigen Grenze verläßlicher Werte im Einzelfall. Die strahlungsenergetischen (dynamischen) Parallaxen sind erheblich besser [27]. Es ist daher für eine spätere Arbeit geplant, bei diesen 30 Paaren (soweit es noch nicht geschehen) die strahlungsenergetischen Parallaxen abzuleiten, zum Vergleich mit den trigonometrischen und entsprechende Folgerungen zu ziehen.

Zwar wurde schon u. a. von L. Boss [26] das Verfahren der Stromparallaxen auf die Hyaden angewandt. Dies erscheint heute nicht mehr als zweckmäßig, da die zwölf Taurus-Familien bis zu 55° verschiedene Vertices haben und Geschwindigkeiten zwischen 29 und 64 km/sec. Es trifft also die Annahme gleicher Richtungen und Geschwindigkeiten bei weitem nicht zu, selbst nicht bei den beiden Familien H (a) und H (b) mit Differenzen von 12° bzw. 10 km/sec.

Tabelle 16

Nr.	Sch.	Name	α 1900,0	δ 1900,0	π	Sp.	M	ξ	η	ζ	Bemerkungen
1	83	β Ari	1h 49m,1	+20°,3	0",064	A 5	1,7	−7	−8	+5	
2	95	μ For	2 8,5	−31,2	61	A 0	4,1	−7	−2	−9	
3	139	β Per	3 1,7	+40,6	31	B 8	−0,3	−4	+5	+5	Algol, var, 4fach
4	148		3 11,1	−6,3	37	B 9	3,8	−5	+2	+3	
5	171		3 52,4	−1,5	101	K 5	8,6	+1	−2	−6	dpl
6	185	ω Tau	4 11,4	+20,3	31	A 3	2,3	−9	+4	−6	
7	215	ζ Dor	5 3,8	−57,6	83	F 8	4,4	−3	+6	+6	dpl
8	290	δ Gem	7 14,1	+22,2	56	F 0	2,2	−3	+1	+6	dpl und sp. dpl
9	299		7 25,4	+36,4	130	M 4	10,8	−9	−3	−5	
10	309		7 43,2	+54,4	32	F 5	3,5	+6	+5	+1	
11	391	19 LMi	9 51,6	+41,5	43	F 5	3,4	−6	−2	−8	
12	437	ψ UMa	11 4,0	+45,0	35	K 0	3,2	−8	−4	−1	dpl
13	450		11 16,6	+18,7	101	G 5	8,1	−6	−3	0	
14	458	λ Cen	11 31,2	−62,5	31	B 9	0,8	−5	−8	+3	
15	523	RS CVn	13 6,0	+36,5	50	F 8	6,1	−7	+2	+2	var
16	633	ι Dra	15 22,7	+59,3	32	K 0	1,1	−5	+5	0	
17	653	λ CrB	15 52,2	+38,2	36	F 2	3,2	−7	+7	−4	
18	658		15 59,6	+36,9	32	F 5	3,3	−1	+5	+2	
19	687		16 43,4	+57,0	43	F 0	3,1	−4	+5	+5	
20	707		17 4,3	−10,4	33	F 5	3,2	−3	+9	−9	
21	788	Ross 154	18 43,6	−23,9	350	M 5	12,2	−5	+3	−1	
22	864		20 18,2	+14,2	44	F 5	4,4	−1	+4	+1	
23	875	Kui 215	20 35,6	−32,8	200	M 5	12,4	−3	−6	−2	} cpm
24	880	Kui 217	20 38,0	−31,7	170	M 1	9,9	−1	−8	−7	

Nr.	Sch.	Name	α 1900,0	δ	π	Sp.	M	ξ	η	ζ	Bemerkungen
25	903	χ Cap	21ʰ 2ᵐ8	−21,6	0″041	A 0	3,4	−8	−4	+9	opm mit Kui 245
26	983	α Peg	22 50,8	−32,1	121	K 3	6,7	−9	−5	−7	
27	992		22 59,8	+14,7	33	A 0	2,6	−9	−6	+3	
28	1105	κ Phe	0 21,3	−44,2	66	A 3	3,0	−7	+1	−3	dpl
29	1113	η Phe	0 38,9	−58,1	35	A 0	2,5	+1	−4	−3	dpl
30	1116	γ Cas	0 50,7	+60,2	34	B 0	−0,1	−3	−7	+7	dpl
31	1132	ξ Cet	1 46,5	−10,8	38	gK 0	1,8	−7	−2	−1	
32	1136		2 7,6	+47,0	31	dF 2	3,5	+9	−9	−2	dpl
33	1163		4 34,2	−12,3	34	A 2	2,7	−2	−2	−3	
34	1174	49 Ori	5 34,0	−7,3	35	A 3	2,6	+5	−5	+3	sp. dpl
35	1178		6 0,9	+15,5	63	dK 0	6,6	+9	−6	+4	
36	1198		6 59,6	+34,6	33	gG 3	3,2	−8	0	−1	
37	1210		8 40,8	−42,3	45	gG 5	2,3	−1	+3	+7	vis + sp. dpl
38	1232		10 16,9	+66,1	40	A 0	2,9	−1	−2	+8	
39	1234		10 22,4	−73,5	79	F 5	3,6	+1	+2	+6	
40	1241		11 2,4	−61,9	48	gG 5	3,2	+3	+3	+6	
41	1245	τ Leo	11 23,8	+3,4	31	gG 7	2,7	+6	0	−1	sp. dpl
42	1249		11 28,4	+65,8	32	dF 5	4,7	+9	−3	+6	
43	1258	5 CVn	12 19,2	+52,1	36	gG 7	2,8	+3	−4	−4	
44	1268	40 Cam	13 1,8	+23,1	42	gM 5	4,0	+3	−6	+1	
45	1292	o Boo	14 40,6	+17,4	43	gG 6	2,9	−9	−7	0	
46	1305	χ Ser	15 37,1	+13,2	30	A 0	2,7	+6	−1	+3	
47	1306	β Ser	15 41,6	+15,7	34	A 2	1,4	+7	−4	−2	dpl
48	1322	ω Her	16 20,8	+14,3	33	A 2	2,1	0	−6	−4	dpl

49	1326	15 Dra	16h28m,2	+69°,0	0″,031	B 9	2,5	−8	−5	+4	
50	1333	ξ Ara	16 50,3	−55,8	36	K 5	0,9	−8	+2	+5	
51	1373		19 51,8	−12,8	55	dM 1	7,8	+4	+6	+9	
52	1383	α¹ Cap	20 19,5	−12,8	33	gG 8	1,4	−3	+4	0	sp. dpl
53	1386	ϑ Cap	20 27,9	+62,6	32	A 5	1,8	−4	−5	−1	
54	1396		21 21,7	+ 3,3	50	dM 1	8,7	+7	+7	+8	
55	1403	20 Peg	21 56,2	+12,6	36	dF 2	3,5	0	0	+4	
56	1406	2 Lac	22 16,9	+46,0	34	B 5	2,4	−7	−7	+8	
57	1412	λ Peg	22 41,7	+23,0	37	gG 6	1,9	−8	−2	+5	dpl
58	1415	γ PsA	22 47,0	−33,4	37	A 0	2,3	+9	+6	+6	dpl
59	1419	2 And	22 58,0	+42,2	52	A 2	3,7	+3	+3	+4	
60	1427		23 17,9	+57,3	83	dM 2	9,8	+3	−1	−5	
61	1437		3 41,1	+21,7	43	WA 2	6,9	−6	+2	+3	
62	—	Sonne	—	—	—	G 1	5,2	0	0	0	

6. Die Sonnenfamilie

Bei der Art des Aufsuchens neuer Familien durch Schütte mußte eine unbeachtet bleiben, nämlich solche Sterne, die mit der Sonne nahezu

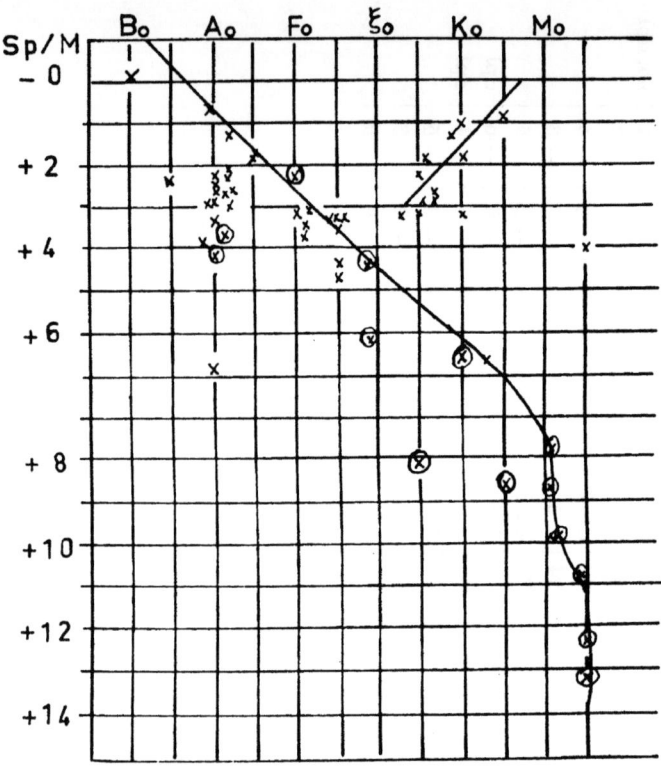

Abb. 5. Spektrum Helligkeits-Diagramm der Sonnenfamilie.

die gleiche galaktische Bewegung haben, die also **gleichzeitig kleine positive oder negative ξ, η, ζ-Werte haben.**

Zum Aufsuchen dieser „Sonnenfamilie" wurden aus den Katalogen von Schütte und Petri alle Sterne zusammengestellt, deren ξ, η, ζ gleichzeitig $\leq |9|$ sind. Siehe Tab. 16. Mit der Sonne selbst gehören also 62 Sterne dieser größten der verschiedenen Familien an. Gewiß sind über die Schüttesche Grenze von rund 100 Lichtjahren Entfernung hinaus noch weitere Angehörige der Familie zu erwarten. 27 Sterne stammen aus dem 1. Katalog von Schütte, keiner von ihnen gehört einer der 51 „Neuen Familien" an.

Interessant ist in Abb. 5, dem Spektrum-Helligkeits-Diagramm, das Auftreten relativ vieler Riesen der Klasse III. Im übrigen ist die Hauptreihe deutlich vorhanden. Im ganzen haben wir es mit „älteren" Sternen zu tun. Daß von den 62 Sternen 17 Doppel- und Mehrfachsysteme sind, ist nicht weiter auffallend. Die Mittelwerte $\bar{\xi} = -2$, $\bar{\eta} = -2$, $\bar{\zeta} = +1$ zeigen, daß die Sonne voll zu der Familie gehört.

Tabelle 17

π bis	r	V ($10^3 \cdot pc^3$)	Schale	n	d	N	N/n
1	2	3	4	5	6	7	8
0″,200	5	0,52	0,52	3	$6 \cdot 10^{-3}$	160	20
0,100	10	4,2	3,7	5	$1,3 \cdot 10^{-3}$		
0,050	20	32,6	28,4	12	$0,4 \cdot 10^{-3}$		
0,040	25	155,5	132	10	$0,08 \cdot 10^{-3}$	1219	24
0,030	33,3	1546	1390	30	$0,022 \cdot 10^{-3}$		
Zus.	33,3	1546	—	62	$0,045 \cdot 10^{-3}$	1379	22

Die Streuungen der ξ, η, ζ, im Durchschnitt $\pm 5,1$ km/sec, sind natürlich durch die angegebene scharfe Auswahl bedingt. Sie sind aber nur wenig kleiner als bei anderen Familien (s. z. B. S. 271).

Sehr aufschlußreich ist die Aufteilung der 62 Sterne nach verschiedenen Entfernungen von der Sonne. Die Spalten der Tab. 17 geben nacheinander: 1. die Parallaxengruppe, 2. die Abstände in pc, 3. die Rauminhalte entsprechender Kugeln in 10^3 pc, 4. das Volumen entsprechender Kugelschalen, 5. die Anzahl n der zur Sonnenfamilie zu rechnenden Sterne, 6. die relative Häufigkeit für 10^3 pc^3 (d. h. Spalte 4/5). In der 7. Spalte steht die Gesamtzahl in den beiden Katalogen von Schütte und Petri N, in der 8. das Verhältnis N/n. Man sieht, daß die Gesamtzahl der Sterne stets etwa 22mal häufiger ist als die der Sonnenfamilie.

Bei dieser selbst aber nimmt die Häufigkeit mit dem Abstand von der Sonne sehr stark ab. Die 20 Sterne bis zu $r = 20$ bilden gewissermaßen den Kern der Familie. Sie sind in Abb. 5. mit $\otimes$ gekennzeichnet.

Tabelle 18

Nr.	Schütte	Namen	α 1900,0	δ	π 0",001	r_{pc}	x_{pc}
62	—	Sonne	—	—	—	0	0
21	788	Ross 154	18ʰ43,6ᵐ	− 23°,9	350	2,9	− 1
23	875	Kui 215	20 35,6	− 32,8	200	5,0	− 3
25	131		3 52,4	− 1,5	101	9,9	+ 5
9	299		7 25,4	+ 36,4	130	7,7	− 2
13	450		19 16,6	+ 18,7	101	9,9	+ 9
24	880	Kui 237	20 39,0	− 31,7	170	5,9	− 3
26	983		22 50,8	− 32,1	121	8,3	− 7
Mittel							− 3

Oder noch besser: die acht nächsten Sterne bilden einen Trupp, ein Rudel, so wie andere in dieser Arbeit besprochene.

In Tab. 18 sind der Übersicht halber die Daten für dieses Rudel gegeben, wobei die Spalten x, y, z die rechtwinkligen äquatorealen Koordinaten in pc geben.

Vier dieser Sterne sind dpl, der Trupp besteht also eigentlich aus zwölf Sternen. Es handelt sich durchweg um solche der Hauptreihe, unter denen die Sonne mit Abstand der hellste ist. — Die Mittelwerte der x, y, z zeigen, daß die Sonne etwa 5 pc Abstand von der Mitte des Trupps hat. Die Streuung der x, y, z beträgt ± 3,2 pc. Die Mittelwerte der ξ, η, ζ zeigen, daß die Bewegung der Sonne um einige km/sec von der der sieben anderen Sterne abweicht, aber in jeder Richtung nicht mehr als die Streuung ± 4,0 km/sec.

Da diese allerengste Umgebung der Sonne, bis zu 30 Lichtjahren, heute wohl schon genügend bekannt ist, dürfte das Auffinden weiterer Angehöriger des Sonnenrudels ziemlich unwahrscheinlich sein.

7. Extremfälle, acht Hyperbelbahnen relativ zur Galaxis

In ihren Arbeiten hatten Schütte und Petri in einer Reihe kleiner Tabellen Sterne aufgeführt, deren Bahnelemente gegenüber dem Durchschnitt ungewöhnliche Werte aufweisen, Extremfälle der großen Achsen, Exzentrizitäten usw. Es handelt sich um 73 Sterne (und eine Hyperbel-

y_{pc}	z_{pc}	ξ	η	ζ	$Sp.$	M	Bemerkungen
0	0	0	0	0	G 1	4,7	
+ 3	− 1	− 5	+ 3	− 1	M 5	13,2	
+ 3	− 3	− 3	− 6	− 2	M 5	12,4	dpl
+ 8	0	+ 1	− 2	+ 6	K 5	8,6	dpl
+ 6	+ 4	− 9	− 3	− 5	M 4	10,8	dpl + sp. dpl
+ 2	− 3	− 6	− 3	0	G 5	8,1	dpl
+ 4	− 3	− 1	− 8	− 7	M 1	9,9	
+ 2	− 4	− 9	− 5	− 7	K 3	6,7	
+ 4	− 1	− 5	− 3	− 2			

bahn). Tab. 19 zeigt die Verteilung auf einzelne Klassen für eine statistische Auswertung. Dabei erschien es zweckmäßig, die Klassen bei a logarithmisch zu begrenzen und bei i in Abschnitten von sin i. Die Verteilung bei e kann man bei dem geringen Material fast als gleichförmig ansehen. Bei den Anzahlen der a überwiegen die Werte für $a < 1,0$, so wie es sich auch in anderen Fällen ergeben hat. Bei den Bahnneigungen sind zwar — so wie bei den Familien — die kleinen Werte von i am häufigsten, doch kommen auch steile, ja fast senkrechte Bahnen vor. Genauso wie sonst häufen sich die wahren Anomalien v stark um das Apogalaktikum.

Von besonderem Interesse sind aber die acht Sterne, für die sich eindeutig Hyperbelbahnen relativ zum Zentrum der Galaxis ergeben haben. Tab. 20 enthält eine entsprechende Zusammenstellung. Dabei ist zunächst zu bemerken, daß es in den Katalogen von Schütte und Petri, d. h. bis zu 33 pc, nur eine Hyperbelbahn gibt. Auch im Verzeichnis Schütte-Eckstein II, d. h. von 67 bis 100 pc, ist nur ein Objekt. Dagegen sechs bei Schütte-Eckstein III, von 167 bis 333 pc. Da sich die Rauminhalte der untersuchten Bereiche wie 1:19:875 verhalten, ist die Zunahme der Hyperbelsterne in III ganz verständlich. Stern 1, in unmittelbarer Nähe der Sonne (4 pc), ist ein schwacher weißer Zwerg. Die übrigen könnten normale Hauptreihensterne sein. Beobachtungstechnische Auswahleffekte, fehlende RG und Parallaxen dürfte das Auffinden schwacher derartiger Sterne bis jetzt verhindert haben. Schon die RG

Tabelle 19

e	n(e)	log a	a	n(a)	sin i	i	n(i)	v	n(v)	Korrelations-Koeffizienten
0,000	1	− 0,3	0,500	12	0,000	0°,00	26	0°	5	
0,100	6	− 0,2	0,630	27	0,100	5,73	16	30	3	$r(ea) = -0,672 \pm 0,063$
0,200	11	− 0,1	0,796	6	0,200	11,54	10	60	0	$r(ei) = +0,496 \pm 0,075$
0,300	4	0,0	0,000	13	0,300	17,45	3	90	3	$r(ai) = -0,286 \pm 0,106$
0,400	17	+ 0,1	1,260	9	0,400	23,59	5	120	5	
0,500	9	+ 0,2	1,585	3	0,500	30,00	2	150	18	$r(ea, i) = -0,637 \pm 0,069$
0,600	5	+ 0,3	2,000	1	0,600	36,83	5	180	21	$r(ei, a) = +0,429 \pm 0,083$
0,700	5	+ 0,4	2,51	0	0,700	44,40	2	210	4	$r(ai, e) = +0,073 \pm 0,110$
0,800	7	+ 0,5	3,17	2	0,800	53,10	1	240	1	
0,900	8	+ 0,6	3,98		0,900	64,13	3	270	4	
1,000					1,000	90,00		300	0	
								330	9	
Mittel 0,536 str ± 0,252			0,93 ± 0,15			14°,8 14°,8		360 187° 85°		

Tabelle 20

Nr.	Sch.	α 1900,0	δ 1900,0	π 0″,001	Sp.	M	RG	i	v	e	10^4 pc q	V
1	33	0h 45m	+ 4°,9	243	wG	14,3	+ 258	+ 35°,8	+ 19°	1,19	0,98	399
2	2293	17 38	+ 37,2	11	dF 8	3,7	+ 40	+ 60,4	− 132	1,02	0,16	389
3	3203	8 38	− 16,1	5	sdF 1	2,7	+ 203	− 17,2	− 119	1,19	0,19	465
4	3262	14 0	− 5,4	3	sdA 3	3,6	+ 91	− 69,0	− 75	2,15	0,43	593
5	3271	15 6	+ 32,6	4	dG 0	4,0	− 63	− 14,1	− 103	1,14	0,35	416
6	3328	18 33	+ 28,7	3,3	sdA 5	4,0	− 72	+ 80,8	− 106	1,24	0,29	454
7	3350	19 30	+ 36,0	4	dF 1	3,6	− 172	− 86,3	− 80,4	2,22	0,42	593
8	3403	21 53	+ 32,4	4,3	dG 2	4,3	− 178	+ 87,1	+ 103	1,87	0,21	671

in der Tabelle weisen zumeist auf einen Extremfall hin. Die letzte Spalte gibt die momentanen Geschwindigkeiten in der Bahn in km/sec. Vergleichsweise hatte Schütte die der Sonne zu 268 km/sec angesetzt. Mit $268 \cdot \sqrt{2} = 378$ km/sec wäre die Grenze zur Parabel erreicht. Vom ersten Stern abgesehen, sind die perigalaktischen Abstände $q < 0{,}5 \cdot 10^4$ pc. Den Exzentrizitäten nach weichen die Bahnen nicht sehr stark von einer Parabel ab, ganz anders als die langgestreckten Hyperbeln, die bei Begegnungs-Doppelsternen ermittelt wurden [7]. Nach Ausweis der wahren Anomalien v entfernen sich z. Z. die Sterne Nr. 1 und 8 vom galaktischen Zentrum, die sechs anderen nähern sich ihm. Die durchweg sehr großen Bahnneigungen i zeigen, daß vier Bahnen retrograd sind.

Wie es zu derartigen Bahnen gekommen ist, darüber kann man im Augenblick nur Hypothesen machen. Vielleicht gelingt die Erstellung eines brauchbaren Modells mit Hilfe elektronischer Schnellrechner.

8. Statistische Untersuchungen über die Gesamtheit aller Schütte-Sterne

Die hier vorgelegten Untersuchungen beziehen sich fast nur auf die beiden ersten Kataloge von Schütte und Petri bzw. die Sterne um die Sonne bis zu 100 Lichtjahren von ihr. Die in diesem Raum vorhandenen Sterne sind fast vollständig erfaßt (s. S. 268, Tab. 21 und 22). Die beiden späteren Kataloge von Schütte und Eckstein reichen zwar zehnmal weiter, also dem tausendfachen Raum, geben aber nur eine Stichprobe von einigen Promille des Bestandes. Nach allem, was wir sonst über die Struktur der Galaxis wissen, ist es nicht wahrscheinlich, daß sich in diesem größeren, aber immerhin noch kleinen Teil von ihr die Kinematik und Dynamik viel ändern werden. Immerhin schien eine erste statistische Prüfung nicht überflüssig.

In Tab. 21 ist die Häufigkeitsverteilung der Bahnexzentrizitäten von 0,1 zu 0,1 gegeben, und zwar die Anzahlen selbst für jedes der vier Verzeichnisse und für ihre Summe. Es folgen die entsprechenden Werte für die Verteilung in Prozenten. Wie man sieht, sind diese wie zu erwarten durchaus gleichförmig. Mit Hilfe eines sogenannten „Wahrscheinlichkeitsnetzes" ist es möglich, die durchschnittliche Verteilung in zwei Normalverteilungen zu zerlegen, siehe die beiden letzten Spalten der

Tabelle 21

e	Sch.	Pe	II	III	Σ	Sch.	Pe	II	III	Σ	H_1	H_2
0,000	231	107	131	147	616	22,5	30,3	30,9	32,5	27,3	26,9	0,4
0,100	327	116	145	155	743	31,4	32,9	34,2	34,2	33,0	32,0	0,5
0,200	177	72	78	82	409	17,2	20,4	18,4	18,1	18,2	12,1	6,1
0,300	120	38	31	32	221	11,7	10,8	7,3	7,1	9,8	7,0	2,8
0,400	90	14	9	13	126	8,8	4,0	2,1	2,9	5,6	0,0	5,6
0,500	39	3	12	8	62	3,8	0,9	2,8	1,8	2,76	—	2,8
0,600	18	0	5	3	26	1,8		1,2	0,7	1,15	—	1,1
0,700	10	1	4	3	18	1,0	0,3	1,0	0,7	0,80	—	0,8
0,800	7	0	3	1	11	0,7	0,0	0,7	0,2	0,49	—	0,5
0,900	6	2	4	3	15	0,6	0,6	0,9	0,7	0,66	—	0,7
1,000	1	0	1	6	8	0,1	0,0	0,2	1,3	0,35	—	0,3
> 1,000												
Σ	1026	353	423	453	2255	99,6	99,7	99,7	99,2	101,1	83	17

Tabelle 22

a	I	III	Σ	I	III	Σ
0,50						
	10	4	14	1,0	0,9	0,9
0,60						
	54	9	63	5,3	2,0	4,3
0,70						
	147	43	190	14,9	9,6	12,9
0,80						
	274	140	414	26,7	31,3	28,1
0,90						
	279	145	424	27,2	32,4	29,8
1,00						
	181	69	250	17,6	15,4	17,0
1,10						
	37	26	63	3,6	5,8	4,3
1,20						
	22	7	29	2,1	1,6	2,0
1,30						
	6	0	6	0,6	0,0	0,4
1,40						
	5	2	7	0,5	0,2	0,5
1,50						
	4	0	4	0,4	0,0	0,3
1,60						
	2	0	2	0,2	0,0	0,1
1,70						
	1	0	1	0,1	0,0	0,1
1,80						
	3	2	5	0,3	0,2	0,3
> 1,80						
	1025	447	1473			

Tabelle. 83% aller Sterne haben geringe Bahnexzentrizitäten mit einem Maximum bei $e = 0{,}15$, und 17% größere, das Maximum bei 0,4.

In Tab. 22 ist eine ganz analoge Untersuchung für das zweite die galaktozentrische Bahn kennzeichnende Element, die große Halbachse a, durchgeführt, allerdings nur für den ersten und vierten Schütte-Katalog. In der Hauptsache wieder die gleiche Verteilung. Vielleicht, daß bei III die Konzentration etwas stärker ist. Auch hier ist eine Zerlegung der Häufigkeiten in zwei Normalverteilungen möglich. Rund 90% der Bahnen haben ihr Häufigkeitsmaximum bei $a = 0,9$, d. h. sie sind z. Z.

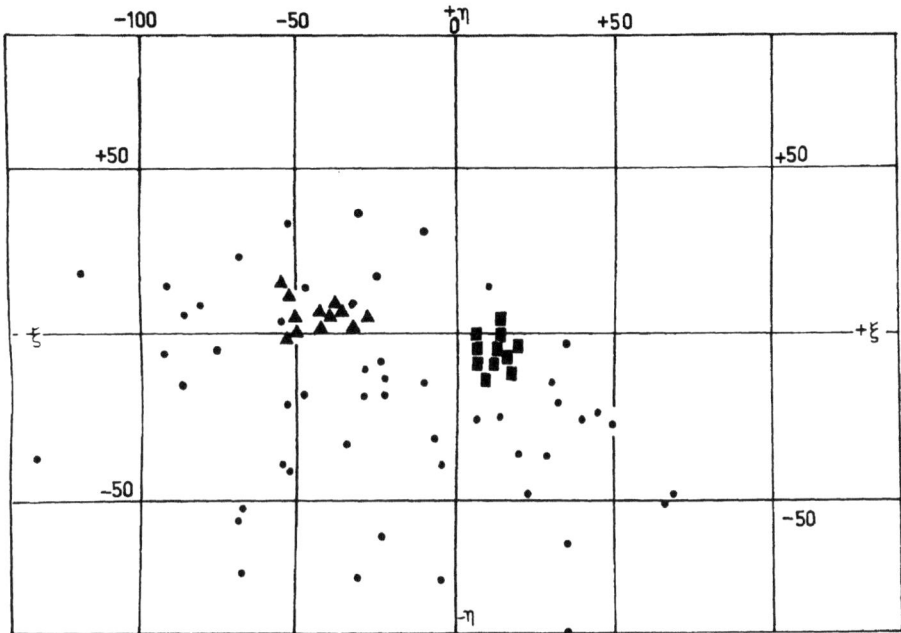

Abb. 6. Verteilung der ξ, η Schütte-Familien, ● = Neue Familien, ■ = Bären-Strom, ▲ = Taurus-Strom.

Tabelle 23

Halbachsen	L^{II}	B^{II}	α	δ	Sternbild
$a = 34,7$ km/sec	226°	+ 42°	9h40m	+ 9°	Leo, Aql
$b = 26,5$ km/sec	138	+ 12	4 0	+ 69	Cam, TrA
$c = 7,7$ km/sec	72	+ 87	13 0	+ 30	Com, Scl

mehr oder weniger nahe dem Apogalaktikum. 10% der Bahnen liegen bei $a = 1,2$, sie sind also gegenwärtig im perigalaktischem Teil ihrer Bahn.

Tabelle 24

Fam.	$\bar{\xi}$	$\bar{\eta}$	$\bar{\zeta}$	str ξ	η	ζ
UMa	+ 11,6	− 5,1	+ 0,4	± 4,8	± 4,6	± 5,6
Tau	− 43,1	+ 5,8	+ 4,8	± 8,7	± 4,6	± 14,2
Neue	− 24,0	− 21,5	− 2,8	± 47,5	± 29,8	± 13,9
Zusammen	− 22,6	− 14,6	− 0,3			

9. Die zwölf Sternströme

Zeichnet man die ξ, η, ζ-Werte der 74 Schütte-Familien in drei Diagrammen (s. Abb. 6 das Diagramm für ξ, η, die beiden anderen sind ähnlich), so verteilen sich die Punkte für die 51 neuen Familien in einem etwa elliptischen Streufeld. Über die Bären- und Taurusfamilien siehe unten.

Es war daher naheliegend, nach den Vorschlägen der klassischen Stellarstatistik von Charlier [18] die Konstanten eines Geschwindigkeits-Verteilungs-Ellipsoids abzuleiten. Tab. 23 zeigt das Ergebnis dieser immerhin etwas mühsamen Rechnung. Das Achsenverhältnis ist also 5:4:1. Die kleinste Achse steht fast senkrecht zur Milchstraßenebene, was zu erwarten war. Die Bahnen der Familien sind ja nur wenig von ihr verschieden. Im übrigen kann dieser Ansatz kaum zu wesentlich neuen Erkenntnissen führen.

Als nächstes wurden mittels der Streuungszerlegung nach Fisher untersucht, ob es berechtigt ist, die beiden Sternströme von UMa und Taurus getrennt von den „neuen Familien" zu behandeln. Die Tab. 24 und 25 zeigen das Ergebnis. Diese $\bar{\xi}$, $\bar{\eta}$, $\bar{\zeta}$ geben zunächst die Stromgeschwindigkeiten relativ zur Sonne der drei Gruppen und ihre Zielpunkte. Nach den Werten in Tab. 25 wäre eine Aufteilung in ζ nicht begründet, wohl in ξ und besonders in η. Im ganzen gab die Untersuchung aber nichts Überraschendes.

Eine nähere Betrachtung der Tabellen auf S. 23 und 28 in der Arbeit Schütte V läßt erkennen, daß nicht so sehr die ξ, η, ζ die gemeinsame Bewegung der beiden Sternstöme deutlich machen, als die aus ihnen abgeleiteten Bahnelemente e, a, v, u und i. Alle weiteren Untersuchungen

V	L^{II}	B^{II}	α	δ	Sternbild
12,7	8°	+ 2°	18^h 0^m	− 21°	Gal. Zentr.
43,8	204	+ 6	7 0	+ 11	Mon.
32,3	254	− 5	6 30	− 38	Antapex, Apex im Cyg.

Tabelle 25

	ξ	η	ζ
σ_2	40,1	25,1	13,1
σ_1	94,9	64,9	17,8
Q	2,37	2,58	1,36

— auch die in den nächsten Kapiteln dieser Arbeit — stützen sich auf diese Bahnelemente.

Eine statistische Untersuchung für die 74 + 1 Familien gab zunächst in Tab. 19 ihre Häufigkeitsverteilung. Bei den i wurden die Absolutwerte ausgezählt. Dabei wurden zweckmäßig die Klassengrenzen für a in 0,1 des Logarithmus und in i in 0,1 von sin i festgelegt. Wie man sieht, sind die Verteilungen keine Normalen. Bemerkenswert ist die starke Konzentration der wahren Anomalien um 180°, worauf auch schon Schütte hingewiesen und eine Erklärung gegeben hat (III, S. 10). Für die drei anderen Bahnelemente wurden sodann die drei linearen Korrelationskoeffizienten berechnet. Bei 75 Familien müßten sie absolut > 0,340 sein, nach dem scharfen Kollerschen Kriterium (S. 254). Die weniger verläßlichen in üblicher Art berechneten m. F., bzw. ihr dreifaches, bestätigen aber: nur die beiden ersten Werte sind signifikant, nicht aber r (a, i), d. h.

Je größer e um so kleiner a, vollverbürgt,
je größer e um so größer i, vollverbürgt,
je größer i um so kleiner a, nicht verbürgt.

Mit der Formel

$$r(12,3) = \frac{r(12) - r(13) \cdot r(23)}{\sqrt{(1 - r_{13}^2)(1 - r_{23}^2)}}$$

wurden weiter für die drei Koeffizienten der störende Einfluß jeweils der dritten Variabeln eliminiert (Koller gibt dafür eine Fluchtlinientafel, doch ist die Rechnung mit einem Rechenschieber, der die sin- und cos-Teilungen hat, auch sehr einfach). Die entsprechenden „partiellen Korrelationskoeffizienten" sind ebenfalls in Tab. 19 aufgeführt! Danach besteht zwischen a und i gar keine Koppelung, wohl völlig sicher zwischen e und a, und auch zwischen e und i. Damit ist allerdings nichts über die Ursache dieser Beziehungen ausgesagt — wie sooft in der Statistik.

Bei einer Ordnung der durchschnittlichen Bahnelemente der 51 neuen Familien nach der Exzentrizität e bzw. der großen Halbachse a ergaben sich dagegen interessante neue Erkenntnisse. Es war ohne Schwierigkeiten möglich, sie wie bei den UMa- und Tau-Familien in zwölf Sternströme zusammenzufassen. Tab. 26 zeigt das Ergebnis. Sie wird nachher im einzelnen besprochen.

Tab. 27 zeigt für den Strom 11 die Einzelheiten. Ihre Spalten geben 1. die Nummer, 2. die Familie, 3. die Zahl der Sterne in jeder Familie im Katalog von Schütte, 4. ebenso nach Petri, 5. die Gesamtzahl, 6.—12. die Bahnelemente. Am Fuß der Tabelle stehen die Summen bzw. Mittelwerte. Die e und a sind geschlossene Gruppen, die Bahnen alle nahe der Ebene der Galaxis, und die v liegen nahe 180°, dem Apogalaktikum.

In Tab. 28 sind für die Ströme Nr. 6 und 7 die entsprechenden Daten zum Vergleich gegeben. Nach der Zahl der zusammengefaßten Familien und Sterne sind es die beiden umfangreichsten. Ihre Bahnneigungen sind im Durchschnitt fast gleich. Die e sind viel kleiner, die a größer als bei dem Strom Nr. 11, die v liegen wieder beim Apogalaktikum. Es erhebt sich die Frage, ob man die beiden Ströme bei der Ähnlichkeit der Elemente nicht doch als einen einzigen zu behandeln hat. Zur Prüfung wurde diesmal nicht die „Fisher-Zerlegung" durchgeführt, sondern der direkte Vergleich unter Anwendung der Tafel von Koller. Für jedes der vier Elemente gibt es $2 \cdot 8 - 2 = 14$ Freiheitsgrade. Dann

Tabelle 26

Nr.	Familie	F	Sch.	Pe	n	$180°-i$	v	e	u	Y	V
1	2	3	4	5	6	7	8	9	10	11	12
1	Sonne, s. Text	1	27	35	62	$+1°,5$	351°,9	0,213	1,288	88°,6	294°,7
2	V i 1, VI i 1	2	9	1	10	$-2,5$	270,0	0,313	1,113	72,3	280,6
3	V i 2, VI i 2, VI i 4, VI i 7, IV a 1, IV a 3, IV a 5	7	45	17	62	$-3,1$	338,0	0,208	1,072	91,0	276,9
4	V i 4, VI i 5, VII i 1, IV a 2	4	20	23	43	$-1,8$	343,0	0,134	1,071	88,2	276,7
5	UMa-Strom, s. Schütte V	11	105	—	105	$+0,2$	292,0	0,065	1,030	82,3	271,5
6	III i 3, V i 5, V i 6, VI i 8, VI i 9, III a 2, IV a 2, IV a 7	8	95	56	151	$-1,3$	195,3	0,151	0,911	88,8	254,6
7	I i 1, VI i 6, III i 2, I a 1, III a 1, III a 3, III a 4, IV a 6	8	90	54	144	$-1,8$	177,3	0,210	0,894	90,5	243,0
	Mittel I	41	391	186	577	$-1,1$	280,0	0,195	1,054	85,9	271,1
8	Tau-Strom, s. Schütte 5	12	164	—	164	$+1,1$	135,0	0,193	0,897	98,8	252,1
9	V i 3, II a 2, II a 3, II a 4, IV a 8	5	28	14	42	$+4,0$	153,7	0,402	0,832	102,3	239,4
10	VII i 3, I a 2, II a 1, III a 5, III a 6, III a 10	6	62	34	96	$-0,7$	165,4	0,312	0,823	97,8	237,4
11	III i 1, III i 4, I a 3, I a 4, III a 7, III a 11	6	43	23	66	$+0,5$	171,5	0,426	0,729	97,8	211,0
12	I i 2, I a 4, III a 8, III a 9, III a 12	5	24	4	28	$-1,8$	174,4	0,551	0,660	93,5	186,6
	Mittel II	34	321	75	396	$+0,6$	160,0	0,377	0,789	98,0	225,3
	Mittel I + II	75	712	261	973	$-0,4$	—	0,265	0,942	91,0	252,0

Tabelle 27

Nr.	Fam.	Sch.	Pe	n	ξ	η	ζ	180°−i	v	e	a
1	III a 11	6	3	9	−93	−6	−11	−3°,3	151°,8	0,469	0,762
2	I a 5	13	6	19	−88	−16	+19	+5,3	156,3	446	740
3	III i 1	5	4	9	−4	−75	−7	−5,9	195,5	425	721
4	III a 7	7	4	11	−53	−41	−10	−2,9	172,0	412	713
5	III i 4	7	6	13	−23	−61	−3	−0,8	182,5	411	714
6	I a 3	5	0	5	−55	−40	+40	+10,9	171,0	403	721
	Mittel			66	−53	−40	+5	+0,5	171,5	0,426	0,729

Tabelle 28

Strom 6				Strom 7			
Fam.	e	v	a	i	Fam.	e	v	a	i

Fam.	e	v	a	i	Fam.	e	v	a	i
III i 3	0,123	181°	0,888	−1°,3	I i 1	0,247	195°	0,821	+3°,5
V i 5	188	227	903	+4,1	VI i 6	232	223	878	−6,0
VI i 8	121	233	941	−5,6	I a 1	170	166	861	+3,1
VI i 9	138	214	904	−2,6	III a 1	187	173	845	−1,6
III a 2	150	161	878	−0,7	III a 3	169	180	869	−5,9
V i 6	140	218	908	+1,9	III i 2	206	192	834	−2,1
IV a 4	142	124	943	−3,9	III a 4	225	170	821	−0,4
IV a 7	200	125	923	−2,6	IV a 6	246	140	864	−5,7
Mittel	0,151	195°	0,911	−1°,3		0,210	177°	0,849	−1°,8
str	±0,028	±46°	±0,022	±3°,1		±0,031	±26°	±0,022	±3°,9

muß für eines der Bahnelemente der m. F. der Differenz $\mathfrak{M}$ beider Ströme das 3,6fache der m. F. des Elements beim einzelnen Strom sein, um einen reellen Unterschied zu gewährleisten. Die Durchführung der Rechnung ergab, daß zwar bei v und i beide Ströme keine verbürgten Unterschiede vorliegen, $\mathfrak{M} = 0,9$ bzw. 0,3, was zu erwarten war. Dagegen ist für e $\mathfrak{M} = 3,94$ und für a sogar 5,64. Das heißt, die Existenz von zwei zwar ähnlichen aber doch gesichert verschiedenen Sternströmen ist erwiesen. Das gilt auch für alle übrigen.

Nun zu Tab. 26. In ihr sind für die zwölf Ströme folgende Daten zusammengestellt, und zwar nach abnehmenden Beträgen der großen Halbachse geordnet. Die Spalten geben an: 1. die Nummer, 2. die Familien, aus denen sich der Strom zusammensetzt, 3. ihre Anzahl, 4., 5., 6. die Zahl der Sterne nach den Katalogen von Schütte und Petri und ihre Summen, 7.—10. die vier kennzeichnenden Bahnelemente, 11. den Winkel zwischen der Bahntangente und dem Radiusvektor, d. h. der Richtung zum galaktischen Zentrum. Er wurde aus den Tabellen von Schütte für die einzelnen Familien gewonnen. Die letzte Spalte gibt die durchschnittliche momentane Geschwindigkeit in km/sec des Stroms in der Bahn relativ zum galaktischen Zentrum. Sie wurde aus dem Energieintegral gewonnen, d. h.

$$V^2 = V_0^2 \left(\frac{2}{r} - \frac{1}{a} \right)$$

mit $V_0 = 268$ km/sec und $r = 1,000$.

Zum ersten Strom, d. h. der Sonnenfamilie (s. S. 276), ist noch zu bemerken, daß hier die von Schütte (VII, S. 529) abgeleiteten Elemente herangezogen wurden. Nach ihnen ist die Sonne jetzt nahe ihrem Perigalaktikum, a besonders groß, während e und i Durchschnittswerte haben.

Entsprechend Schütte (IV, S. 18) geben die Winkel γ und i in galaktischen Koordinaten den Zielpunkt der gegenwärtigen Bewegung des Einzelsterns oder entsprechend einer Familie oder auch eines Sternstroms. In Abb. 7 sind sie für die zwölf Ströme eingetragen. Da die γ vom galaktischen Zentrum aus gezählt werden, sind γ und i im wesentlichen identisch mit dem neuen Koordinatensystem L^{II}, B^{II}. Die Zielpunkte erstrecken sich vom Sagitta über Cygnus bis Cassiopeia.

292 J. Hopmann

Sie gruppieren sich in zwei deutlich getrennte Gruppen I und II, mit sieben bzw. fünf einzelnen Sternströmen, die schon entsprechend in Tab. 26 getrennt aufgeführt sind. Für diese sei die Bezeichnung

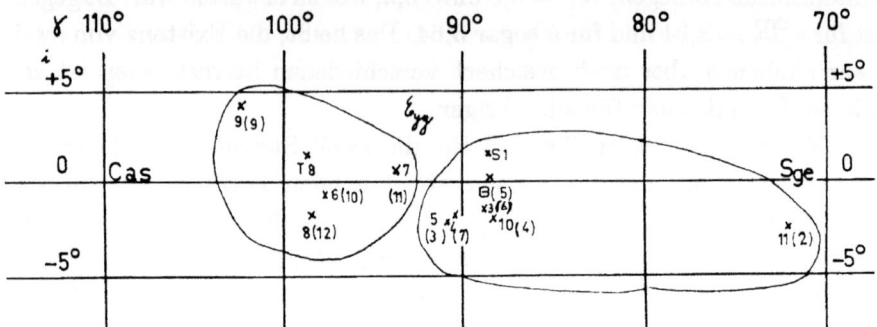

Abb. 7. Zielpunkte der 11 + 1 Sternströme, i ung γ = gal. Breite und Länge L^{II}, 6: alte Benennung (6): neue Benennung.

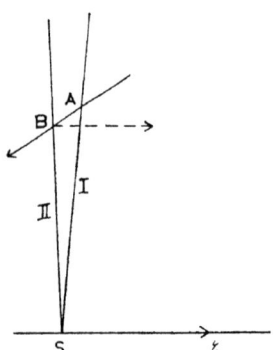

Abb. 8. 2-Strom-Theorie.

,,Sternschwarm" vorgeschlagen. Als Mittelwerte der γ und V erhält man $\gamma_I = 85°{,}9$, $\gamma_{II} = 9°{,}10$, $V_I = 271{,}1$ km/sec, $V_2 = 252{,}0$ km/sec. Es sind also auch die galaktozentrischen Geschwindigkeiten merklich verschieden.

Abb. 8 stellt dies in einfacher Form dar. S ist die engste Sonnenumgebung, C die Richtung zum galaktischen Zentrum, SA und SB die Geschwindigkeiten V, CSA und CSB sind die Winkel γ.

Dann ist aber nach Größe und Richtung AB die Relativbewegung der beiden Schwärme. Man erhält $AB = 31{,}0$ km/sec und $CAB = 217°\!\!,3$ im System $L^{II} B^{II}$.

Diese Richtung entspricht aber innerhalb ihrer Unsicherheit der, die für das Verhalten der beiden Schwärme im Kapteyn-Eddingtonschen Modell der Sternbewegungen entwickelt wurden, 199° [28]. Auch die Relativgeschwindigkeit spricht für diesen Vergleich.

10. Diskussion, das Bild der näheren Sonnenumgebung

Es seien zunächst einige allgemeine Bemerkungen vorausgeschickt. Wenn man, wie der Verfasser, 60 Jahre Entwicklung der Astronomie erlebt hat, sieht man, daß mit jeder Vermehrung des Beobachtungsmaterials und seiner Verfeinerung durch neue Arbeitsmethoden jedes einzelne Objekt zu einem „Individuum" wird. Wir haben z. B. das Kollektiv der neun großen Planeten. Sie haben zwar gewisse Ähnlichkeiten miteinander, sind aber doch äußerst verschieden. Von den vielgestaltigen Kometen sei ganz abgesehen. Ähnlich ist es bei den veränderlichen Sternen. Jeder ist ein Individuum trotz der immer mehr verfeinerten Klassifikationen. Bei den zahlreichen vom Verfasser bearbeiteten visuellen Doppelsternen muß man sich in jedem Einzelfalle entscheiden, welche der vielen entwickelten Bahnbestimmungsmethoden gerade die geeignetste ist.

Andererseits sind zusammenfassende Klassifikationen nötig, z. B. von Spektren, doch wurde man auch da bald zu vielartigen Unterteilungen veranlaßt (die Suffixen d, g, e, v und p). Auch mathematisch-statistische Methoden sind nötig, besonders anfangs bei noch nicht genügend verfeinertem Beobachtungsmaterial. Doch werden dabei die Details verwischt, z. B. durch formalen Anschluß an eine Gauß- oder Maxwell-Verteilung usw. Selbst in dem winzigen Raum relativ zur ganzen Galaxis von 100 Lichtjahren um die Sonne ist die Angabe einer durchschnittlichen Sterndichte pro pc^3 doch nur ein schwaches Bild von den wahren Verhältnissen.

Die vorliegende Arbeit begann zwar mit Hinweisen auf ältere Feststellungen von Paaren benachbarter Sterne mit fast identischen Bewegungen. Sie ging weiter zu den Sterntrupps, Bewegungshaufen usw. Es scheint aber zweckmäßig bei der Darstellung eines Modells der engeren Sonnenumgebung vom Großen zum Kleinen zu gehen, eine Art **Hierarchie** aufzubauen.

Eingehend untersucht wurden die rund 1400 Sterne mit galaktozentrischen Bahnelementen der Kataloge von Schütte und Petri, mit Distanzen von der Sonne bis zu rund 100 Lichtjahren. Eine Prüfung der bis zum 10fachen reichenden Stichproben-Kataloge von Schütte und Eckstein zeigten (Kapitel 8), daß bis dahin die Verteilung der Bahnelemente sich praktisch nicht ändert. Die Schütte-Petri-Sterne umfassen über 70% aller Sterne der engsten Sonnenumgebung.

1. Insgesamt bewegt sich dieses **Kollektiv** in Ellipsenbahnen mäßiger Exzentrizität mit etwa 270 km/sec Geschwindigkeit z. Z. um das Zentrum der Galaxis. Die Bahnen sind ganz überwiegend nahe parallel zur Milchstraßenebene. Die entsprechenden Umlaufzeiten errechnen sich zwar zu einigen 10^8 Jahren. Doch werden über die Verhältnisse schon vor oder nach einer Million Jahre keine Spekulationen mehr angestellt. Immerhin sei darauf hingewiesen, daß nach dem Ausweis der Geologie und Paläontologie die Erde und damit das Sonnensystem seit ein bis zwei Milliarden Jahren keine „Katastrophe" erlebt hat. Mit der Sonne befinden sich etwa 30% der Sterne im perigalaktischen Teil ihrer Bahnen. Es überwiegen aber mit 70% die Sterne nahe ihrem Apogalaktikum. Es kann dies ein statistischer Auswahleffekt sein, bedingt durch die Lage der Sonnenumgebung zum galaktischen Zentrum.

2. Kapteyn hatte vor 60 Jahren für das Sternsystem das Bild von den zwei Fischschwärmen gebraucht, die sich völlig durchdringen, aber gegeneinander bewegen. Damals kannte man noch nicht die exzentrische Lage der Sonne innerhalb der Galaxis und deren Rotation. Jetzt hat sich die Existenz von **zwei Sternschwärmen** ergeben (S. 292), die sich gemeinsam, aber mit etwas verschiedener Richtung und Geschwindigkeit bewegen.

3. Diese beiden Schwärme bestehen aus sieben bzw. fünf jeweils gesichert verschiedenen **Sternströmen**, darunter die altbekannten von UMa und Tau, so wie es schon Klinkerfuß vor hundert Jahren geahnt hat. Diese Sternströme setzen sich ihrerseits aus einer mehr oder weniger großen Zahl von insgesamt 75 **Familien** zusammen. Innerhalb eines Stromes sind vor allem die durchschnittlichen Exzentrizitäten

und großen Halbachsen der Bahnen sehr ähnlich. An Hand der Fisherschen Streuungszerlegung (Kapitel 2) und anderer statistischer Prüfverfahren wurde jeweils die Zulässigkeit der Zusammenfassung bzw. die Realität der verschiedenen Sternströme sichergestellt.

4. Die 75 **Familien** bestehen aus einer mehr oder weniger großen Zahl von Einzelsternen, im Durchschnitt 13. Sie wurden von Schütte auf Grund ihrer Gemeinsamkeiten in den Bahnelementen e, a und v aufgestellt (Kapitel 4). Ihrer statistischen Sicherstellung ist ein eigenes Kapitel, Nr. 5, gewidmet.

5. Während sich die Ströme und Familien über den ganzen Bereich der 30 pc verteilen, gibt es in ihnen zuweilen stärkere räumliche Anhäufungen von Sternen, d. h. **Sternhaufen** wie die Hyaden und andere sehr nahe Bewegungshaufen (Kapitel 3) oder in Form von **Sterntrupps**. Zwei solche sind in Kapitel 2 diskutiert, ein weiterer schon früher gefunden. Eine Reihe weiterer liegen dem Verfasser für eine spätere Arbeit noch vor, ebenso eine nähere Untersuchung des Taurus-Stroms.

6. Die nächsten Stufen in der Hierarchie sind dann die **Mehrfach-** und **Doppelsterne** und schließlich die **Einzelsterne**.

7. Ein kleiner Prozentsatz sind schließlich die **Ausreißer** aus dem Gesamtkollektiv, Sterne, die sich in Hyperbelbahnen (relativ zur Galaxis) mit hohen Geschwindigkeiten und Bahnneigungen bewegen (Kapitel 7).

Zum Abschluß der gesamten Arbeit seien noch — mit aller Vorsicht! — einige kosmogonische Überlegungen angestellt.

Ausgegangen sei von den heutigen Vorstellungen über die Lebensgeschichte der Sterne. In einer mehr oder weniger ausgedehnten Wolke von kosmischem Staub und Gas bilden sich nahezu gleichzeitig eine große Zahl einzelner Sterne, die wir zum Teil als junge galaktische Haufen (z. B. h und χ Per) oder Assoziationen von OB- und T Tau-Sternen erkennen. Über ihre weitere Entwicklung haben wir eine große Zahl von Untersuchungen, von Jeans angefangen, dann Bok, Ambartsumian, Blaauw, v. Hoerner usw. Zu beachten ist, daß eine Bewegung eines Sterns relativ zu seiner Gruppe von 1 km/sec einer relativen Ortsänderung von 1 pc in 10^6 Jahren entspricht. Wenn also die galaktischen Haufen mit im Mittel 10 pc Durchmesser aus Sternen — wieder größenordnungsmäßig — von 10^8 Jahren Alter bestehen, können die relativen Bewegungen der Mitglieder ursprünglich nur sehr klein gewesen sein.

Später lösen sich die Haufen unter dem Einfluß der Gravitationskräfte der Gesamtgalaxis auf, ihr Kern verbleibt noch als Sterntrupp, die übrigen bilden eine Familie. Es erscheint durchaus denkbar, daß die galaktischen Geschwindigkeitskomponenten ξ, η, ζ, die Schütte u. a. berechnet haben, und die galaktozentrischen Bahnelemente innerhalb einer Familie infolge der Unsicherheiten der EB und RG, vor allem der Parallaxen in Wahrheit viel enger übereinstimmen, als es sich z. Z. ergeben hat. So haben sie z. B. bei den gut beobachteten Bären- und Taurusfamilien geringere Streuungen als bei den übrigen.

Der weitere Auflösungsprozeß der Haufen führt dann zu den Mehrfachsternen, den weiten Paaren, den Begegnungssternen und schließlich zu den Einzelobjekten. Auf die Bildung von nur vorübergehend existierenden Doppelsternen bei der Entwicklung eines Haufens hat schon v. Hoerner hingewiesen (12). Dagegen stellt die Entwicklung der engen photometrischen und spektroskopischen Doppelsterne ein ganz anderes Problem dar.

Natürlich ist es erwünscht, diese kosmogonischen Spekulationen auch theoretisch zu untermauern, ebenso aber auch das Beobachtungsmaterial, besonders die Parallaxen, zu verfeinern.

Literatur

[1] Hopmann, J.: Sächs. Akad. d. Wiss. **93** (1941) 161.
[2] Hopmann, J.: Mitt. Univ.-Sternw. Wien **10** (1960) 155.
[3] Hopmann, J.: Astr. Nachr. **269** (1939) 181.
[4] Luyten, W. J.: The Lund Press Minneapolis Minnesota 1955.
[5] Onegina, A. B.: Veröff. Observ. Kiew, Bd. II (1958) Heft 2.
[6] Deutsch: Veröff. Observ. Kiew, Bd. II (1958) Heft 2.
[7] Hopmann, J.: Mitt. Univ.-Sternw. Wien **10** (1961) 272.
[8] Haas, J.: Astr. Nachr. **277** (1949) 184.
[9] Schütte, K.: I. und II. Ber. Sb. Öst. Akad. Wiss., math.-nat. Kl. **161** (1952) Heft 9 u. 10; III. Ber. Sb. Öst. Akad. Wiss., math.-nat. Kl. **162** (1953) Heft 1—5; IV. und V. Ber. Sb. Öst. Akad. Wiss., math.-nat. Kl. **163** (1954) Heft 1—4; VI. und VII. Ber. Sb. Öst. Akad. Wiss., math.-nat. Kl. **164** (1955) Heft 8—10.

[10] Petri, W.: Sb. Öst. Akad. Wiss., math.-nat. Kl. **163** (1954) Heft 1—4.
[11] Schütte, K., und M. Eckstein: Sb. Öst. Akad. Wiss., math.-nat. Kl. **167** (1958) Heft 5—7.
[12] v. Hoerner, S.: Zeitschr. f. Astroph. **50** (1960) 184.
[13] Hopmann, J.: Sb. Öst. Akad. Wiss., math.-nat. Kl. **178** (1969) Heft 4—7.
[14] Hopmann, J.: Sb. Öst. Akad. Wiss., math.-nat. Kl. (1971) (im Druck).
[15] Koller, S.: Graphische Tafeln zur Beurteilung statistischer Zahlen, Dresden und Leipzig, Verlag Th. Steinkopf (1943).
[16] Allen, C. W.: Astrophys. Quantities, London (1955).
[17] Link, F.: Veröff. Prager Sternw. Nr. 17, Prag (1941).
[18] Charlier, C. V. L.: Medd. Lund Obs. Ser. II, Nr. 9 (1913).
[19] Rasmuson, N. H.: Medd. Lund Obs. Ser. II, Nr. 26 (1921).
[20] Proktor, R. A.: Proc. Roy. Soc. **18** (1870) 169.
[21] Klinkerfuß, W.: Über Fixsternsysteme, Göttingen (1872).
[22] Ferrari, K.: Mitt. Univ.-Sternw. Wien **6** (1954) 59.
[23] Beulig, G.: Diss. Leipzig (1936).
[24] Heilmaier, E. P.: Diss. Leipzig (1936).
[25] Finsen, W. S., und G. E. Worley: Rep. Obs. Johannesburg, Circ. **7** (1970) 129.
[26] Boss, L.: Astr. Journ. **26** (1908) 601.
[27] Hopmann, J.: Mitt. Univ.-Sternw. Wien **10** (1960) 155.
[28] Tannahill, T. R.: Monthly. Not. **112**, (1952) 3.

MIX
Papier aus verantwortungsvollen Quellen
Paper from responsible sources
FSC® C105338

If you have any concerns about our products,
you can contact us on
ProductSafety@springernature.com

In case Publisher is established outside the EU,
the EU authorized representative is:
**Springer Nature Customer Service Center GmbH
Europaplatz 3, 69115 Heidelberg, Germany**

Printed by Libri Plureos GmbH
in Hamburg, Germany